U0098101

Cook50204

中式米食證照教室

米食加工丙級技術士技能檢定術科實戰祕笈&學科滿分題庫

作者 曾家琳、林國富
攝影 林宗億
美術設計 鄭雅惠
編輯 彭文怡
校對 翔縈
企畫統籌 李橘
總編輯 莫少閒
出版者 朱雀文化事業有限公司
地址 台北市基隆路二段 13-1 號 3 樓
電話 02-2345-3868
傳真 02-2345-3828
劃撥帳號 19234566 朱雀文化事業有限公司
e-mail redbook@hibox.biz
網址 http://redbook.com.tw
總經銷 大和書報圖書股份有限公司 (02)8990-2588
ISBN 978-986-99736-3-2
初版一刷 2021.3
定價 420 元
出版登記 北市業字第 1403 號

國家圖書館出版品預行編目(CIP)資料

中式米食證照教室：米食加工丙級技術士技能檢定術科實戰祕笈&學科滿分題庫／曾家琳、林國富著. 初版. 台北市：朱雀文化，2021.3
面：公分（Cook50：204）
ISBN 978-986-99736-3-2 （平裝）
1. 飯粥 2. 食譜 3. 考試指南
427.35

米食加工丙級技術士技能檢定
術科實戰祕笈&學科滿分題庫

中式米食證照教室

曾家琳、林國富著

達人級的術科必勝祕訣 ＋
最新的應考資訊和學科試題

朱雀文化

作者序

米是我們隨手可得的食物之一，米食更是生活中不可或缺的餐點，小吃中的米糕、廣東粥，節慶時的肉粽、油飯……等，都是以米為主。在臺灣各地均有不同口味與風味的米食小吃與點心，各有千秋也各有特色，家中更有屬於每一家獨特的幸福米料理。

國富與我以學長、學妹相稱，我們為同一所大學畢業，同樣愛吃、愛做菜的我們，各自在職場、專業領域上努力著，面對任何事情，我們不馬虎、不隨便，只想將一路走來的經驗、最好的食物呈現，分享給大家。我們細心籌備了這本書，也盼您喜歡，能與大家分享、推薦。

《中式米食證照教室》是以新手為角度出發，讓可能是第一次考照的您，擁有第一張專業技能檢定證照，更能因為一本書就取得三張米食證照。本書內容豐富，從應檢需知、器具及食材介紹、試題說明、步驟流程等等，皆依循檢定流程，更匯集各種應檢的問題、困難，詳細描述每項產品製作時應注意的細節、重點、技巧。更將考試專用配方表仔細說明與呈現，讓您完全掌握考試的重點與訣竅。

最後，藉由此書，特別感謝老師們的促成，能與朱雀文化出版社合作出版，過程中更感謝我們的好夥伴與協助的學生們，因為有您們，才能做出這本專業的檢定書，也祝福參加檢定考照的您考試順利！更祝福擁有此書的您，能將一道道米食點心化身為美味的餐桌佳餚，增添飲食的樂趣與豐富性。

作者序

飲食是文化傳承過程中很重要的部分，早期臺灣人以米食為主，許多節慶活動、生命禮俗中均不可缺少米食製品。例如：用來敬天地、拜祖先，祈求護佑的艾草粿、紅龜粿、發糕等等；用來祈求吉利、寓意年年高陞的年糕；象徵添新歲、圓滿的湯圓。然而，隨著外來飲食文化的普及，傳統的米食點心逐漸式微，雖然如此，但保存傳統的飲食與文化仍相當重要。在勞動部的專業技能檢定技術士的證照制度中，中式米食加工是專業證照的一種職類，更細分出米粒類飯粒型、米粒類粥品型、漿粿粉類米漿型、漿粿粉類一般漿糰型與熟粉類各種不同的米食點心。

筆者依勞動部勞動力發展署技能檢定中心公布之最新中式米加工應檢資料撰寫本書，希望透過這本中式米食檢定用書，以清楚的步驟説明及圖片，引導對米食有興趣，或想考取中式米食檢定的讀者，理解產品製作的要領，避免操作失敗，進而輕鬆考取證照。

本書從擬稿、拍攝、編排到最後出版，過程中反覆編修，務必帶給讀者最正確且即時的內容，但仍恐有疏漏不足之處，敬請各位前輩及先進，不吝賜教。

特別感謝老師們在撰寫本書過程中鼎力相挺，以及朱雀文化出版社、攝影師、仁佑、奇昇、欣融、玉玲、可可、如姊的協助，這本書才能順利完成。最後，敬曾家琳這位最可靠的夥伴，致萬分感謝之意。

林國富

Contents 目錄

PART 01 技術士技能檢定中式米食加工丙級術科測試應檢須知

PART 02 技術士技能檢定中式米食加工丙級場地設備表

PART 03 技術士技能檢定中式米食加工丙級材料介紹

PART 04 術科試題製作

PART 05 學科試題與共通科目試題

一、學科試題

二、共通科目試題

附錄

PART 01

技術士技能檢定中式米食加工丙級術科測試應檢須知

一、一般性應檢須知

（一）**應檢人不得攜帶規定項目以外之任何資料、工具、器材進入考場，違者不予計分。**

（二）術科測試以實作方式之應檢人應按時進場，測試時間開始後十五分鐘尚未進場者，不准進場；以分節或分站方式為之者，除第一節（站）之應檢人外， 應準時進場，逾時不准入場應檢。

（三）術科測試應檢人進入術科測試試場時，**應出示准考證、術科測試通知單、國民身分證及自備工具接受監評人員檢查**，未規定之器材、配件、圖說、行動電話、呼叫器或其他電子通訊器材及物品等，不得攜帶進場。

（四）術科測試應檢人應按其檢定位置號碼就檢定崗位，並應將准考證、術科測試通知單及國民身分證置於指定位置，以備核對。

（五）應檢人**對術科測試辦理單位提供之機具設備、材料，如有疑義，應即時當場提出，由監評人員立即處理**，測試開始後，不得再提出疑義。

（六）術科測試應檢人應遵守監評人員現場講解之規定事項。

（七）術科測試時間之開始與停止，以測試辦理單位或監評人員之通知為準，應檢人不得自行提前或延後。

（八）應檢人需在 3.5 小時內完成產品製作、製作報告表及清潔工作，**離場前將產品及簽註繳交時間、製作報告表送監評處，並經服務人員檢核後離場**。

（九）應檢人有下列情形之一者，予以扣考，不得繼續應檢，其已檢定之術科成績以不及格論。

1. 冒名頂替者。
2. 傳遞資料或信號者。
3. 協助他人或託他人代為實作者。
4. 互換工件或圖說者。
5. 攜帶成品或規定以外之器材、配件、圖說、行動電話、呼叫器或其他電子通訊器材等。
6. 不繳交工件、圖說或依規定須繳回之試題者。
7. 故意損壞機具、設備者。
8. 不接受監評人員指導擾亂試場內外秩序者。
9. 違反技術士技能檢定作業及試場規則第二十三條規定者。
10. 明知監評人員未依第二十七條規定迴避而繼續應檢者。

11. 依規定須穿著制服之職類，**未依規定穿著者，不得進場應試，術科成績以不及格論**。（應檢人服裝圖示及說明可參照 p.11）
12. 考試時擅自更改試題內容，並以試前取得測試場地同意為由，執意製作者。
13. 違背應檢須知其他規定者。

（十）應檢人有下列嚴重缺點情形之任一小項者，其該項總分以「0」分計：

A. 製作技術部分：

1. 製作過程中有任何危險動作或狀況出現，如機械、儀器、器具與刀具不會使用或使用不正確、器具掉入運轉的機械中、將手伸入運轉的機械中取物等。
2. 機械操作錯誤或使用方法不當，致損壞機械、器具或儀器者。
3. 爐具（含烤箱、瓦斯爐、蒸箱、油炸鍋等）使用不正確，不會使用或使用後開關未關者。
4. 超過時限未完成者。
5. **產品重做者**。
6. 未能注意工作之安全，致使自身或他人受傷不能繼續檢定者。
7. **實際製作時未依試題說明、製作數量表需求製作或與報告表所制定的配方不符者**。
8. 製作方式與條件未寫或寫得不合題意者。
9. 未使用公制、未列百分比者。
10. **使用試題檢定材料表以外之材料者**。
11. 不愛惜或浪費材料者。
12. 中途離場者。
13. 離場後未清潔器具或機械者。

B. 產品品質部分：

1. **產品形狀、數量、重量與題意不符**。
2. **產品不良率達 30%以上者**（試題另有規定者，依試題規定評分）。
3. 產品風味異常者（生味、太鹹、太淡、太甜、酸、苦……等）。
4. 產品質地異常者（組織、結構、色澤、樣式……等）。
5. 產品色澤異常者（外表焦黑、底部焦黑、色澤不正常……等）。
6. 產品有異物者（毛髮、雜物……等）。

C. 其他經三位監評人員認定為嚴重缺失者。

（十一）應檢人應正確操作機具，如有損壞，應負賠償責任。

（十二）應檢人對於機具操作應注意安全，如發生意外傷害，自負一切責任。

（十三）檢定進行中如遇有停電、空襲警報或其他事故，悉聽監評人員指示辦理。

（十四）檢定進行中，應檢人因其疏忽或過失而致機具故障，須自行排除，不另加給時間。

（十五）檢定中，如於中午休息後下午須繼續進行或翌日須繼續進行，其自備工具及工作之裝置，悉依監評人員之指示辦理。

（十六）**檢定結束後，應由監場人員點收機具，應檢人應將產品、製作報告表、名牌送繳監評處，監評人員並在准考證術科欄上戳記應檢章後始得出場。**

（十七）檢定時間視考題而定，提前交件不予加分。

（十八）試場內外如發現有擾亂考試秩序，或影響考試信譽等情事，其情節重大者，得移送法辦。

（十九）評分項目包括：**評分標準（一）工作態度與衛生習慣、評分標準（二）製作技術、評分標準（三）成品品質等三大項，若任何一大項扣分超過 40%（不含 40%），即視為不及格，術科測試每項考一種以上產品時，每種產品均需及格。**

（二十）應檢人不可攜帶通訊器材（如行動電話、呼叫器等）進入考場。

（廿一）其他未盡事宜，除依考試院訂頒之試場規則辦理及遵守檢定場中之補充規定外，並由各該考區負責人處理之。

應考小祕訣

考生應考前，記得攜帶以下東西進入考場：

1. **相關證件**：准考證、術科測試通知單、國民身分證。
2. **文具用品**：原子筆、立可帶、計算機。
3. **自備工具**：手套、湯匙等等（需接受監評人員檢查）。
4. **術科測試參考配方表**。**（本書附有配方提供考生帶入考場，可參照 p.238）**
5. **規定服裝**：可參照 p.11 的說明。

二、應檢人服裝須知

一、帽子

1. **帽子**：帽子需將頭髮及髮根完全包住，須附網。
2. **顏色**：白色

二、上衣

1. **領型**：小立領、國民領、襯衫領皆可。
2. **顏色**：白色
3. **袖**：長袖、短袖皆可。

三、圍裙（可著圍裙）

1. **型式不拘**：全身圍裙、下半身圍裙皆可。
2. **顏色**：白色
3. **長度**：及膝

四、長褲（不得穿牛仔褲）

1. **型式**：直筒褲；長度至踝關節。
2. **顏色**：白色或黑色

五、鞋

1. **鞋型**：包鞋、皮鞋、球鞋皆可（前腳後跟不能外露）。
2. **顏色**：不拘
3. 內須著襪

◆備註：帽、衣、褲、圍裙等材質，以棉、混紡或透氣排汗為宜。

三、專業性應檢須知

（一）丙級術科測試，可自下列中式米食加工製品中，自行選考一項，選項編號 1、2、3 各有兩分項，每分項指定（非自選）一種製品測試；檢定合格後，證書上即註明所選類項的名稱。

選項編號	勾選之選項	分項編號	分項名稱
1		A、B	米粒類
		C	漿（粿）粉類－米漿型
2		A、B	米粒類
		D	漿（粿）粉類－一般漿糰
3		F	熟粉類
		G	一般膨發類

（二）製作說明：

1. 應檢人進場可攜帶已核准後的參考配方表。
2. 「製作報告表」依規定產品的數量或重量，當場詳細填寫原料名稱、百分比、重量，並將製作方法與條件加以記錄之。
3. 原料應使用公制計算、秤量，秤量容差 ±3%。
4. **餡需配合製作數量表需求調製，不可剩餘。**
5. 如經監評人員鑑定為嚴重過失者以「0」分計。

（三）評分標準：

1. 評分注意事項

（1）取消應檢資格，其總分以「0」分計之項目，與應檢須知規定相同。
（2）嚴重缺點犯其中任何一項，其該項總分以「0」分計。
（3）主要缺點扣分達配分或以上時，該項總分以「0」分計。
（4）評分標準表（一）、（二）、（三）中有任一項以「0」分計，總分以「0」分計。

2. 評分標準表：分三大項

（1）評分標準表（一）：工作態度與衛生習慣 20%

項目	說明	配分
一、工作態度與衛生習慣	（一）嚴重缺點：凡有下列任一情形者，其總分以「0」分計。 1. 工作場所內抽菸、嚼檳榔或口香糖、隨地吐痰、擤鼻涕或隨地丟廢棄物。 2. 工作前後未檢視用具及清洗用具者。 3. 生熟原料或產品混合放置。 4. 將原料、產品或器具直接接觸地面。 5. 不服從評審人員糾正。 6. 其他（請評審詳細註明原因）。 （二）主要缺點：凡有下列任一情形者一律扣 5 分。 1. 不愛惜原料、用具或機械。 2. 指甲過長、塗指甲油、戴手錶或飾物（如戒指、耳環、項鍊等）。 3. 工作前未洗手，工作中用手擦汗或用手觸碰各項不潔衛生動作者。 4. 工作後對使用之器具、桌面或機械等清潔不力。 5. 工作中桌面凌亂。 6. 工作後未將器具歸位者。 7. 廢棄物未分類存放者。 8. 其他（請評審詳細註明原因）。	20 分

（2）評分標準表（二）：製作技術 30%

項目	說明	配分
二、製作技術	（一）嚴重缺點：凡有下列任一小項者，其總分以「0」分計。 1. 製作流程或操作條件未寫或寫得不合題意。 2. 機械操作錯誤。 3. 未符合題意 4. 其他（請評審詳細註明原因）。 （二）主要缺點：凡有下列任一小項者扣 8 分。 1. 手工或機械操作不熟練。 2. 秤量器具使用不當。 3. 製作條件會寫但不完整或寫錯。 4. 操作過程中出現污染原料、產品之動作者。 5. 其他（請評審詳細註明原因）。	30 分

（3）評分標準表（三）：產品品質 50%：包括外部品質、內部品質等。

3. 每項考一種以上產品時只要有一種產品扣分超過 40 分或不及格，即為不及格。

（四）其他規定，現場說明。

（五）一般性自備工具參考：可攜帶計算機、計時器、標貼紙、文具、尺、紙巾、衛生手套或口罩。

（六）應檢人員工作服：依 p.11 圖示及說明，材質以棉、混紡或透氣排汗為宜。

（七）應檢須知、已核准的自訂參考配方表可攜入考場，其他配方表不可攜入考場。

（八）術科測試配題組合：

1. 測試試題

分項編號	分項名稱	試題名稱
A	米粒類－飯粒型	01A. 白米飯 02A. 油飯 03A. 筒仔米糕 04A. 肉粽
B	米粒類－粥品型	01B. 八寶粥 02B. 廣東粥 03B. 海鮮粥
C	漿（粿）粉類－米漿型	01C. 發粿 02C. 碗粿 03C. 蘿蔔糕 04C. 芋頭糕
D	漿（粿）粉類－一般漿糰型	01D. 芋粿巧 02D. 湯圓 03D. 米麻糬 04D. 甜年糕
F	熟粉類	01F. 鳳片糕 02F. 糕仔崙 03F. 雪片糕 04F. 豬油糕 05F. 冰皮月餅
G	膨發類－一般膨發類	01G. 米花糖

2. 配題組合：

說明：

（1）測試當日由應檢人推薦一人代表抽題組、製作數量及配題組合。

（2）抽籤順序如下：

a. 上午場應檢人代表先抽 A、B（上、下午場）測試題組（例如：上午抽 A 組，下午則測試 B 組，反之類推）。

b. 上、下午場應檢人代表須抽配題組合（共 4 組）及製作數量（共 3 支籤），所有應檢人皆測試所抽出之配題組合及製作數量。

（3）測試時間 3.5 小時（含寫製作報告表、產品製作、清潔等）。

選項 / 配題組合	第 1 項（A 組） A. 米粒類－飯粒型 C. 漿（粿）粉類－米漿型	第 1 項（B 組） B. 米粒類－粥品型 C. 漿（粿）粉類－米漿型
第 1 組	02A. 油飯 03C. 蘿蔔糕	01B. 八寶粥 03C. 蘿蔔糕
第 2 組	03A. 筒仔米糕 04C. 芋頭糕	02B. 廣東粥 02C. 碗粿
第 3 組	04A. 肉粽 01C. 發粿	03B. 海鮮粥 04C. 芋頭糕
第 4 組	02A. 油飯 02C. 碗粿	02B. 廣東粥 01C. 發粿

選項 / 配題組合	第 2 項（A 組） A. 米粒類－飯粒型 D. 漿（粿）粉類－一般漿糰型	第 2 項（B 組） B. 米粒類－粥品型 D. 漿（粿）粉類－一般漿糰型
第 1 組	02A. 油飯 01D. 芋粿巧	01B. 八寶粥 01D. 芋粿巧
第 2 組	03A. 筒仔米糕 02D. 湯圓	02B. 廣東粥 04D. 甜年糕
第 3 組	04A. 肉粽 04D. 甜年糕	03B. 海鮮粥 02D. 湯圓
第 4 組	02A. 油飯 03D. 米麻糬	02B. 廣東粥 03D. 米麻糬

選項 配題組合	第 3 項（A 組）	第 3 項（B 組）
	F. 熟粉類 G. 膨發類－一般膨發類	F. 熟粉類 F. 熟粉類
第 1 組	01F. 鳳片糕 01G. 米花糖	01F. 鳳片糕 02F. 糕仔崙
第 2 組	02F. 糕仔崙 01G. 米花糖	02F. 糕仔崙 03F. 雪片糕
第 3 組	03F. 雪片糕 01G. 米花糖	03F. 雪片糕 04F. 豬油糕
第 4 組	04F. 豬油糕 01G. 米花糖	04F. 豬油糕 05F. 冰皮月餅

應考小祕訣

1. 考試需在 3.5 小時內完成兩項產品含清潔收拾，建議長時間之產品先製作，烹調等待過程中，可以前製備下一項產品，就不會兩項產品衝突、撞爐。
2. 蒸籠鍋水滾需要一些時間，切配過程中，可先煮水，避免烹調後之半成品，還需要等候滾水。
3. 等待的時間可以先寫製作流程或收拾桌面，把握時間。

（九）製作報告表配方計算範例（可攜入考場）。

1. 範例：以原料在來米粉 200 公克，製作碗粿四碗。

2. 計算方法：

（1）已知原料「在來米粉重量為 200 公克」。

（2）計算時以在來米粉的總重量為 100%。

（3）計算公式：各項材料重量＝在來米粉重量 × 各項材料%。

	原料名稱	%	計算方法	公克
米漿配方	在來米粉	100	200 公克 ×100%＝	200
	太白粉	10	200 公克 ×10%＝	20
	水	350	200 公克 ×350%＝	700
	合計	**460**	**200 公克 ×460%＝**	**920**
調配料配方	沙拉油	10	200 公克 ×10%＝	20
	紅蔥頭	3	200 公克 ×3%＝	6
	香菇丁	5	200 公克 ×5%＝	10
	絞碎豬肉	30	200 公克 ×30%＝	60
	碎蘿蔔乾	25	200 公克 ×25%＝	50
	蝦米	4	200 公克 ×4%＝	8
	味精	1	200 公克 ×1%＝	2
	鹽	2	200 公克 ×2%＝	4
	香油	2.5	200 公克 ×2.5%＝	5
	胡椒粉	0.5	200 公克 ×0.5%＝	1
	醬油	3	200 公克 ×3%＝	6
	合計	**86**	**200 公克 ×86%＝**	**172**
裝飾	鹹蛋黃（每碗半個）		1/2 個 ×4 碗＝	2 個

四、術科時間配當表

每一檢定場，每日排定測試場次為上、下午各乙場；程序表如下：

時間	內容	備註
08:00 — 08:30	1. 監評前協調會議（含監評檢查機具設備） 2. 應檢人報到完成。	
08:30 — 09:00	1. 應檢人推派代表抽題及工作崗位。 2. 場地設備及供料、自備機具及材料等作業說明。 3. 測試應注意事項說明。 4. 應檢人試題疑義說明。 5. 應檢人檢查設備及材料。 6. 其他事項。	
09:00 — 12:30	上午場測試	測試時間 3.5 小時
12:30 — 13:00	1. 監評人員進行成品評審 2. 應檢人報到完成。 3. 監評人員休息用膳時間	
13:00 — 13:30	1. 應檢人推派代表抽題及工作崗位。 2. 場地設備及供料、自備機具及材料等作業說明。 3. 測試應注意事項說明。 4. 應檢人試題疑義說明。 5. 應檢人檢查設備及材料。 6. 其他事項。	
13:30 — 17:00	下午場測試	測試時間 3.5 小時
17:00 — 17:30	監評人員進行成品評審	
17:30 —	檢討會（監評人員及術科測試辦理單位視需要召開）	

◆備註：依時間配當表準時辦理抽籤，並依抽籤結果進行測試，遲到者或缺席者不得有異議。

五、技術士技能檢定中式米食加工丙級術科測試參考配方表

產品名稱		產品名稱		產品名稱	
原料名稱	百分比	原料名稱	百分比	原料名稱	百分比

◆備註：本表由應檢人試前填寫，可攜入考場參考，只准填原料名稱及配方百分比，如夾帶其他資料以作弊論。（不夠填寫，自行影印或至本中心網站首頁－便民服務－表單下載－09500 中式米食加工配方表區下載使用，可用電腦打字，但不得使用其他格式之配方表）。

六、技術士技能檢定中式米食加工丙級術科測試製作報告表

應檢人姓名：＿＿＿＿＿＿＿＿　准考證號碼：＿＿＿＿＿＿＿＿

產品名稱：＿＿＿＿＿＿＿＿　製作數量：＿＿＿＿＿＿＿＿

原料名稱	百分比（%）	重量（公克）	製作方法與條件
			製成率　＝產品總重／原料總重 ×100% ＝＿＿＿＿／＿＿＿＿ ×100% ＝＿＿＿＿%
合計			

應檢人簽註出場時間與簽名：

MEMO 重點記下來！

可記下應檢須知、場地設備表和材料介紹中的重點，詳加複習，考前準備更完善。

PART 02

技術士技能檢定中式米食加工丙級場地設備表

一、基本設備—為每一試題皆須準備之設備（每人份）

工作檯

不鏽鋼，可加隔層，附水槽及肘動式水龍頭。

攪拌機

附鉤狀、槳狀、鋼絲攪拌器及可附安全護網。

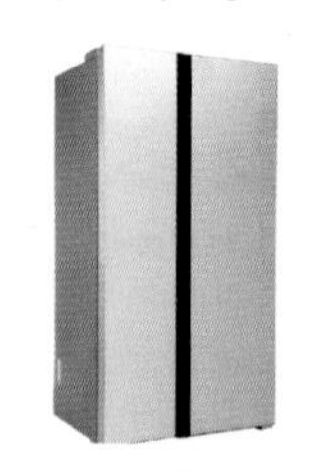

冷藏櫃（庫）

0～7℃，共用。

冷凍櫃（庫）

-20℃或以下，共用。

瓦斯爐

單爐或雙爐（雙爐兩人共用）

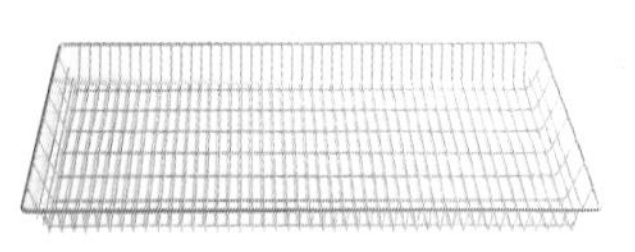

產品框

不鏽鋼網盤，40×60公分左右。

蒸籠

不鏽鋼或鋁製，直徑30公分或以上。

炒鍋

直徑45公分以上，附鍋鏟、鍋蓋。

不鏽鋼鍋

8～10公升，附蓋。

不鏽鋼鍋

4～6公升，附蓋。

電子秤

0.1公克～1公斤，共用。

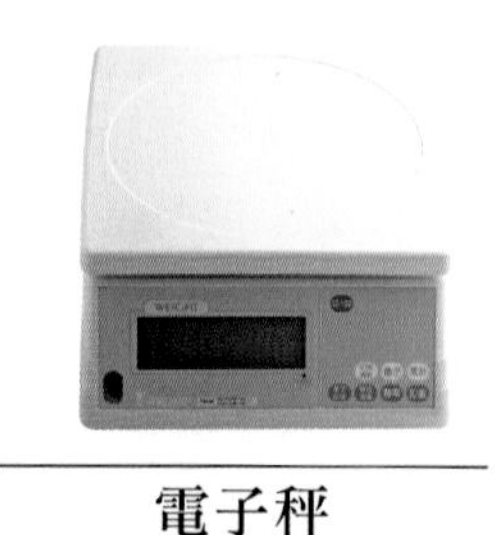

電子秤

1公克～6公斤或以上

溫度計

不鏽鋼探針-10～110℃或150℃

溫度計

電子式-20～400℃，共用。

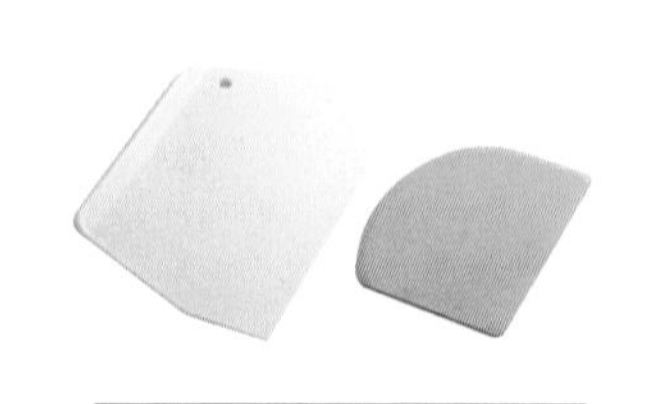

刮板

塑膠製

砧板

長方形，塑膠製。

刀

不鏽鋼，切原料用。

麵刀

不鏽鋼

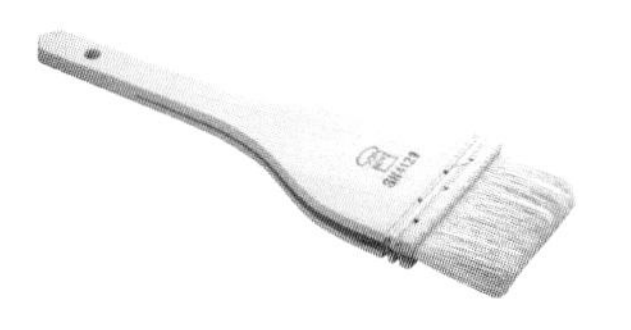

麵粉刷

寬 8 ～ 10 公分

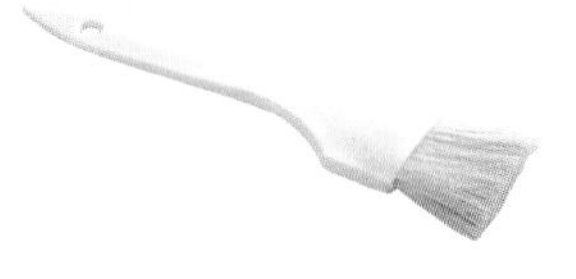

羊毛刷

寬 3 ～ 5 公分

粉篩

不鏽鋼 20 ～ 30 目，直徑 30 ～ 36 公分。

量杯

鋁或不鏽鋼，容量 236 毫升。

打蛋器

不鏽鋼直立式

包餡匙

竹或不鏽鋼，長 15 ～ 20 公分。

秤量原料容器

鋼盆（可用塑膠袋代替）

秤量原料容器

塑膠盤（可用塑膠袋代替）

秤量原料容器

鋁盤（可用塑膠袋代替）

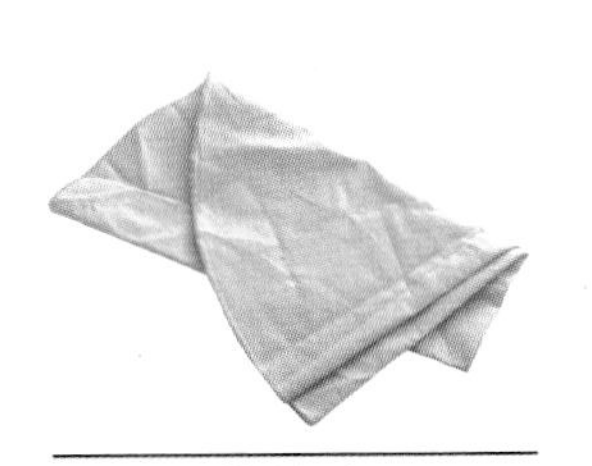

蒸籠布

細軟的綿布或不沾布

蒸飯巾

60 公分正方形

清潔用具

清潔劑、刷子、抹布等。

時鐘

掛鐘，直徑 30 公分或以上，附時針、分針、秒針，共用。

烘手機

110V，自動或手動式，共用。

二、專業設備－依考題供給之器具

拌鍋

直徑 50 ～ 60 公分，附鍋鏟，可用攪拌鋼代替，用於米花糖。

油炸機

以瓦斯或電熱為熱源，附網杓，容積 18 公升以上，共用，用於米花糖。

油炸網篩

不鏽鋼，細網孔，附把手，用於米花糖。

糖度計

0 ～ 32° Brix，共用，用於八寶粥。

剪刀

不鏽鋼，用於肉粽。

長柄杓

不鏽鋼長 15 公分或以上，用於八寶粥。

漏勺

不鏽鋼直徑 20 公分以上，用於湯圓。

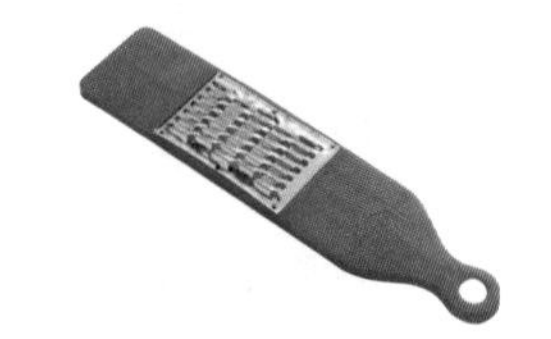

刨絲器

不鏽鋼粗孔式，用於蘿蔔糕、芋頭糕。

削皮刀

不鏽鋼，用於蘿蔔糕。

筒仔容器

竹或不鏽鋼，可用同規格鋁箔盒替代品，內容量 200 ～ 300 毫升，用於米糕。

紅龜印模

木或塑膠材質，龜甲紋或壽桃形狀等，用於鳳片糕。

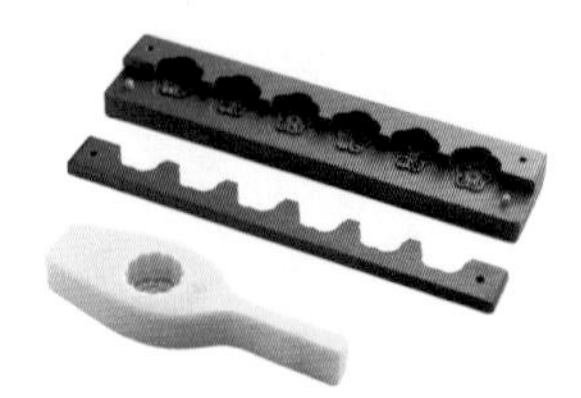

糕仔印模

木製六孔，有花紋，可拆成三片，可用單印模代替，共用，用於豬油糕。

月餅模

經表面塗覆處理之木或鋁製，容積 2.5 兩，用於冰皮月餅。

平盤

不鏽鋼，長 40× 寬 30× 高 3 公分，用於米花糖。

圓形蒸盤

底有小孔或細網，直徑 9 ～ 12 公分，高 1.2 ～ 2 公分，用於糕仔崙。

方形蒸盤

不鏽鋼，25×20×5 公分左右或容量、高度相當之長方形盤，共用，用於雪片糕。

蒸碗

瓷碗或耐熱＋ 120℃以上之無毒材質碗，容積 200 ～ 280 毫升，用於碗糕。

蒸炊專用耐蒸型紙杯

180 ～ 200 毫升，用於發糕。

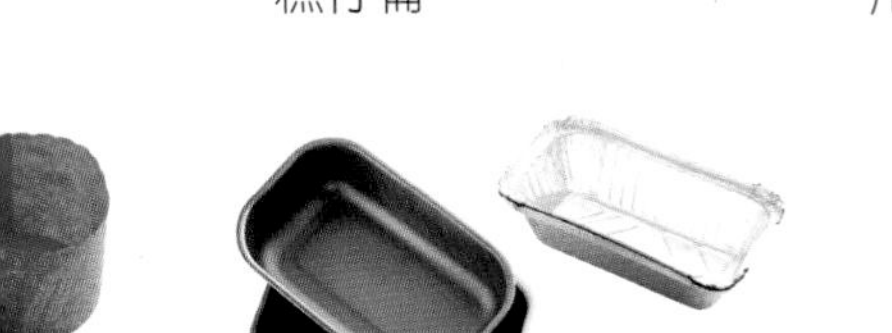

蒸盤

不鏽鋼，可用同規格鋁箔盒代替，容量 500 ～ 600 公克，用於蘿蔔糕、芋頭糕。

模型

鋁或不鏽鋼，直徑 13 公分（5 吋）× 高 4 公分，可用同規格鋁箔盒替代品，用於甜年糕。

手套

乳膠製，用於冰皮月餅。

抗黏紙

長 15× 寬 10 公分，用於鳳片糕。

紙盒

長方盒、碗，用於成品盛裝。

◆附註：共同之基本設備及各題所附之專業設備，皆可以生產型設備或登記合格之生產工廠之場地與設備來考試，材料與製作數量按基本設備需求配合，且不可低於各式題材料表與製作數量表所列數量。

PART 03

技術士技能檢定中式米食加工丙級材料介紹

材料介紹

在來米粉

圓糯米粉

低筋麵粉

蓬萊米粉

發粉

樹薯澱粉（馬鈴薯粉）

熟圓糯米粉

熟蓬萊米粉

熟太白粉

鳳片粉

綠豆粉

糖粉

奶油

含油烏豆沙

白米

長糯米

圓糯米

乾香菇

蝦米

米乾

熟黑芝麻

油蔥酥

細花生粉

桂圓肉

紅豆

綠豆

花生仁（熟）

薏仁

麥片

紅棗

鹹蛋黃

皮蛋

碎蘿蔔乾

紅蔥頭

薑絲

豬肉絲

瘦肉（豬里脊肉）

絞碎豬肉

蟹腳肉

蝦仁

滷香菇

滷豬肉塊

豬油

腐竹

青蔥

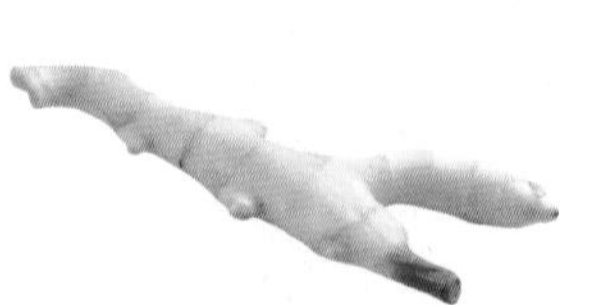
嫩薑

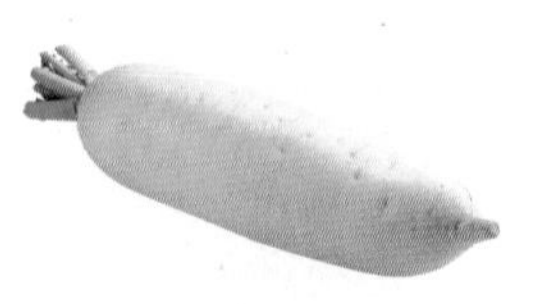
白蘿蔔

芋頭

粽葉

粽繩

墊紙

食鹽

味精

細砂糖

二砂糖

粗砂糖

胡椒粉

五香粉

沙拉油 / 炸油

香油

醬油

米酒

轉化糖漿

麥芽糖

糕仔糖

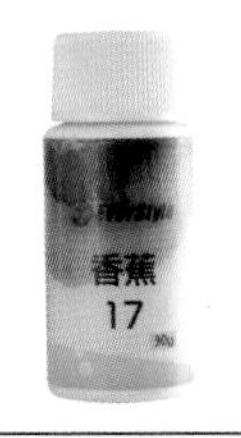

香蕉油

香料（斑蘭）

食用紅色素

PART 04

術科試題製作

試題名稱

飯粒型－白米飯

試題說明

1. 以白米為原料，蒸煮成白米飯。
2. 使用蒸籠製作。

製作數量

1. 以白米 300 公克，製作白米飯一份。
2. 以白米 350 公克，製作白米飯一份。
3. 以白米 400 公克，製作白米飯一份。

計算 / 配方表

原料名稱	係數 / %	300g	350g	400g
		300÷100 = 3	350÷100 = 3.5	400÷100 = 4
白米	100	300	350	400
水	100	300	350	400
合計	200	600	700	800

◆**備註：凡有下列任一小項者，其成品品質總分以「0」分計。**

1. 產品重量或數量太多或不足規定。
2. 米粒未熟或過度潰爛。
3. 底部焦黑。

白米飯檢定場地設備表—專業設備

編號	名稱	設備規格	單位	數量	備註
1	蒸籠		台	1	
2	容器	紙盒	個	2	
3	蒸飯巾	60 公分正方形	條	1	可選用

白米飯檢定材料表（應檢人需依本表材料及數量自由選用制訂配方）

編號	名稱	材料規格	單位	數量	備註
1	白米	良質粳米	公克	650	

製作流程

1 白米洗淨後，瀝乾。

2 加入配方水。

3 靜置 20 分鐘。

4 放入蒸籠鍋，以大火蒸 25 分鐘，關火，燜 10 分鐘。

5 取出蒸好的米飯。

6 以紙盒盛裝即可。

注意事項

❶ 白米只需將灰塵、雜質清洗掉，過度洗淨會使米的營養與水一同流失。

❷ 清洗時務必將洗米水瀝乾，不要有多餘水分，以免過度潰爛，也可以使用粉篩輔助，就不會大量掉落白米。

❸ 蒸籠鍋水要滾才可放入白米蒸，以免延長熟製的時間。

❹ 飯蒸熟後，可以關火燜 10 ～ 15 分鐘，這樣能去除多餘的水分，也更好吃。

技術士技能檢定中式米食加工丙級術科測試製作報告表

應檢人姓名： ＿＿＿＿＿＿　**准考證號碼：** ＿＿＿＿＿＿

產 品 名 稱： 白米飯　**製 作 數 量：** 白米 300 公克，製作 1 份

原料名稱	百分比（%）	重量（公克）	製作方法與條件
白米 水	100 100	300 300	計算： 300÷100 ＝ 3 1. 白米洗淨→瀝乾→配方水。 2. 靜置 20 分鐘。 3. 大火蒸 25 分鐘至熟→燜 10 分鐘→取出→盛裝。 製成率 ＝ 產品總重 / 原料總重 ×100% ＝ 579 / 600×100% ＝ 97% （本書皆以最小量為範例，且產品總重依各考生實際操作為準）
合計	200	600	

應檢人簽註出場時間與簽名：

MEMO
重點記下來！

可記下這道題目操作過程中容易出錯的地方，考前詳加複習。

試題名稱 飯粒型－油飯

試題說明

以長糯米為原料，配合蝦米、香菇、肉絲等副原料及調味料，經炒熟或蒸熟之成品。

製作數量

1. 以原料長糯米 600 公克，製作油飯一份。
2. 以原料長糯米 650 公克，製作油飯一份。
3. 以原料長糯米 700 公克，製作油飯一份。

計算 / 配方表

原料名稱	% ＼ 係數	600g	650g	700g
		600÷100 = 6	650÷100 = 6.5	700÷100 = 7
長糯米	100	600	650	700
乾香菇	2	12	13	14
蝦米	2	12	13	14
紅蔥頭	6	36	39	42
豬肉絲	10	60	65	70
豬油	10	60	65	70
醬油	6	36	39	42
鹽	2	12	13	14
砂糖	2	12	13	14
胡椒粉	0.5	3	3	4
水	30	180	195	210
合計	170.5	1023	1108	1194

◆**備註：凡有下列任一小項者，其成品品質總分以「0」分計。**

1. 產品重量或數量太多或不足規定。
2. 產品米粒未熟或過度潰爛。
3. 底部配料不當。

油飯檢定場地設備表—專業設備

編號	名稱	設備規格	單位	數量	備註
1	容器	耐熱 100°C 以上，附蓋	個	2	可用附蓋紙盒代替
2	蒸飯巾	60 公分正方形	條	1	可選用

油飯檢定材料表（應檢人需依本表材料及數量自由選用制訂配方）

編號	名稱	材料規格	單位	數量	備註
1	糯米	長糯米	公克	750	
2	豬肉絲	冷凍或冷藏	公克	100	
3	香菇	乾貨	公克	20	
4	蝦米	乾貨，新鮮無異味	公克	20	
5	胡椒粉	市售品	公克	10	
6	油	食用液體油或精製豬油	公克	100	
7	紅蔥頭	鱗莖飽滿	公克	50	
8	醬油	市售品	公克	70	
9	食鹽	精製	公克	15	
10	味精	市售品	公克	5	
11	糖	細砂	公克	20	

製作流程

1 長糯米洗淨，泡水靜置 20 分鐘，瀝乾備用。

2 乾香菇泡軟切絲，蝦米泡軟瀝乾，紅蔥頭切片。

3 取炒鍋，倒入長糯米，加水剛好蓋過。

4 以中小火將水分炒乾。

5 倒入放置蒸籠層架中的蒸飯巾，將長糯米鋪均勻。

6 以中大火蒸 20 ～ 30 分鐘，取出。

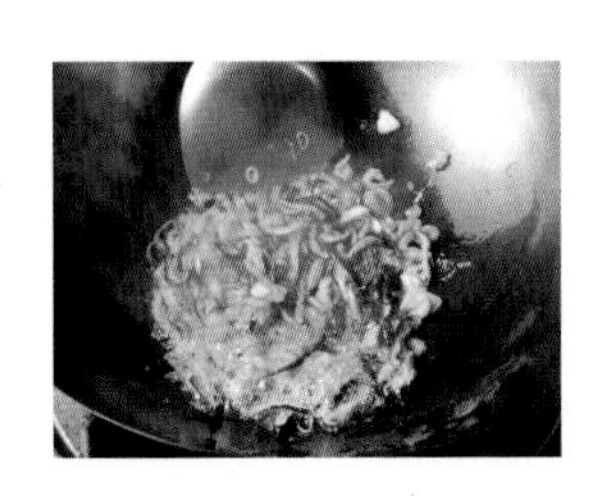

7 另鍋，入豬油爆香香菇絲、紅蔥頭片、蝦米，再入豬肉絲炒熟。

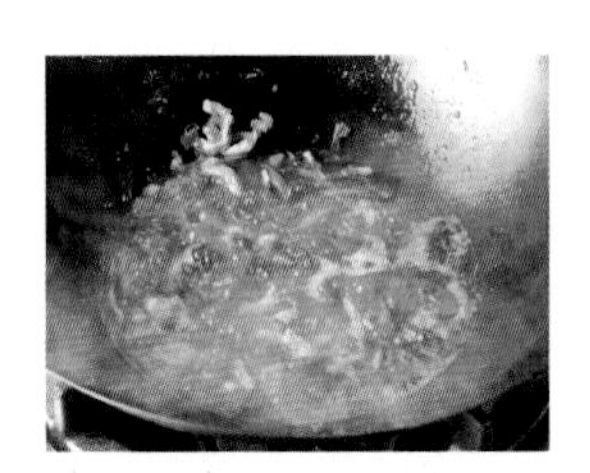

8 續入所有調味料、配方水，煮滾。

9 入糯米飯拌炒均勻。

10 以紙盒盛裝即可。

注意事項

❶ 考場提供蒸飯巾可使用，使用前稍微沖洗、擰乾。

❷ 蒸飯巾視蒸籠鍋大小調整、摺疊，但要注意不可將蒸飯巾拉出蒸籠鍋外，以免大火時，觸碰到火源而燃燒。

❸ 蒸籠鍋水要滾才可放入長糯米蒸，以免延長熟製時間。

❹ 長糯米下鍋入炒前，應先判斷米心是否熟透，才可與炒料拌勻盛盤，若是蒸起未熟，再回蒸至熟即可。

❺ 米入鍋蒸前，盡量將米先平均鋪勻、分散，以免堆積太厚而不易蒸熟。

❻ 蒸好的糯米飯要盡快與炒料拌合，放置愈久會愈不易拌開。

技術士技能檢定中式米食加工丙級術科測試製作報告表

應檢人姓名： ________　　**准考證號碼：** ________

產品名稱： 油飯　　**製作數量：** 長糯米 600 公克，製作 1 份

原料名稱	百分比（%）	重量（公克）	製作方法與條件
長糯米	100	600	計算： 600÷100＝6 1. 長糯米洗淨→泡水靜置 20 分→瀝乾。 2. 乾香菇泡軟切絲，紅蔥頭切片，蝦米泡軟瀝乾。 3. 取鍋→入米、水→中小火將水分炒乾。 4. 取層架→入蒸飯巾→入米→鋪勻→中大火蒸 20 分至熟→取出。 5. 另鍋→豬油→爆香香菇絲、紅蔥頭片、蝦米→豬肉絲炒至熟透→所有調味料、配方水→煮滾→糯米飯→拌勻→盛裝。
乾香菇	2	12	
蝦米	2	12	
紅蔥頭	6	36	
豬肉絲	10	60	
豬油	10	60	
醬油	6	36	
鹽	2	12	
砂糖	2	12	
胡椒粉	0.5	3	
水	30	180	製成率＝產品總重／原料總重 ×100% ＝1386／1023×100% ＝135% （本書皆以最小量為範例，且產品總重依各考生實際操作為準）
合計	170.5	1023	

應檢人簽註出場時間與簽名：

MEMO
重點記下來！

可記下這道題目操作過程中容易出錯的地方，考前詳加複習。

試題名稱

飯粒型－筒仔米糕

試題說明

以圓糯米為主原料，配合香菇、絞碎豬肉、調味料等，用筒狀容器盛裝，經蒸熟之成品。

製作數量

1. 以圓糯米 420 公克，製作筒仔米糕 7 個，反扣出放入容器。
2. 以圓糯米 480 公克，製作筒仔米糕 8 個，反扣出放入容器。
3. 以圓糯米 540 公克，製作筒仔米糕 9 個，反扣出放入容器。

計算 / 配方表

原料名稱	係數 / %	420g	480g	540g
		420÷100 = 4.2	480÷100 = 4.8	540÷100 = 5.4
圓糯米	100	420	480	540
乾香菇	5	21	24	27
紅蔥頭	7	29	34	38
蝦米	2	8	10	11
絞碎豬肉	40	168	192	216
沙拉油	12	50	58	65
醬油	6	25	29	32
鹽	1.5	6	7	8
味精	0.5	2	2	3
胡椒粉	0.3	1	1	2
水	25	105	120	135
合計	**199.3**	**835**	**957**	**1077**

◆**備註： 凡有下列任一小項者，其成品品質總分以「0」分計。**

1. 產品重量或數量太多或不足規定。
2. 產品有 30%以上外型不佳（潰散、熟透不均、黏而爛、油太多、大小不均）。
3. 產品未熟。

筒仔米糕檢定場地設備表—專業設備

編號	名稱	設備規格	單位	數量	備註
1	筒仔容器	不鏽鋼，內容量 250 毫升	個	12	可用同容量鋁箔代替
2	容器	耐熱 100°C 以上，附蓋	個	5	可用附蓋紙盒代替

筒仔米糕檢定材料表（應檢人需依本表材料及數量自由選用制訂配方）

編號	名稱	材料規格	單位	數量	備註
1	糯米	圓糯米	公克	600	
2	紅蔥頭	鱗莖飽滿	公克	50	
3	香菇	乾貨	公克	30	
4	絞碎豬肉	新鮮或冷凍的五花絞肉	公克	300	
5	蝦米	乾貨，新鮮無異味	公克	15	
6	沙拉油	市售品	公克	100	
7	醬油	市售品	公克	50	
8	食鹽	精製	公克	10	
9	味精	市售品	公克	10	
10	香油	市售品	公克	10	
11	胡椒粉	市售品	公克	10	

製作流程

1 圓糯米洗淨，泡水靜置 20 分鐘，瀝乾備用。

2 乾香菇泡軟切小丁，蝦米泡軟瀝乾，紅蔥頭切片。

3 取炒鍋，倒入圓糯米，加水剛好蓋過。

4 以中小火將水分炒乾。

5 倒入放置蒸籠層架中的蒸飯巾，將圓糯米鋪均勻，以大火蒸 20 ～ 30 分鐘，取出。

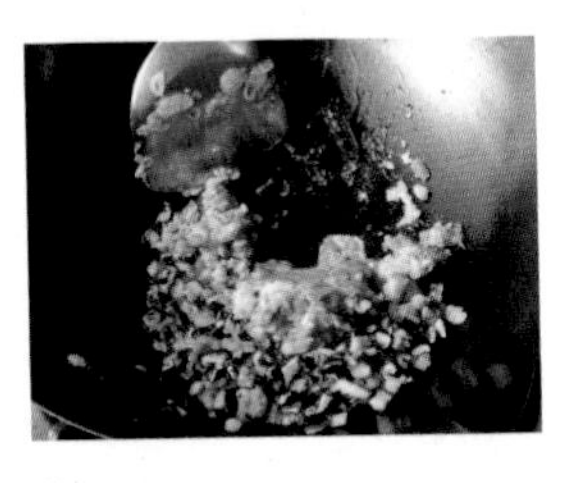

6 另鍋，加入沙拉油爆香香菇丁、紅蔥頭片、蝦米，再放入絞碎豬肉炒熟。

7 續入所有調味料拌炒均勻，盛裝 1/3 的餡料備用。

8 鍋中加入配方水煮滾，再倒入糯米飯拌炒均勻。

9 取模型抹油，每杯皆放入餡料。

10 填入炒好的糯米飯，壓平。

11 放入蒸籠以中大火蒸 15 分鐘，取出，倒扣在紙盒上即可。

注意事項

❶ 模型使用之前需抹油，有利於脫落米糕，以免倒扣時，部分米粒黏住無法成型。

❷ 糯米飯填入杯中時需壓緊實，以防脫模時，成品鬆散不成型。

❸ 蒸飯巾視蒸籠鍋大小調整、摺疊，但注意不要將飯巾拉出蒸籠鍋外，以免大火時觸碰到火源而燃燒。

❹ 圓糯米下鍋入炒前，應先判斷米心是否熟透，才可與炒料拌勻盛盤，若是蒸起未熟，再回蒸至熟即可。

技術士技能檢定中式米食加工丙級術科測試製作報告表

應檢人姓名： ____________ **准考證號碼：** ____________

產品名稱： 筒仔米糕 **製作數量：** 圓糯米 420 公克，製作 7 個

原料名稱	百分比（%）	重量（公克）	製作方法與條件
圓糯米	100	420	計算： 420÷100 ＝ 4.2 1. 圓糯米洗淨→泡水靜置 20 分→瀝乾。 2. 乾香菇泡軟切小丁，紅蔥頭切片，蝦米泡軟瀝乾。 3. 取鍋→入米、水→以中小火將水分炒乾。 4. 取層架→入蒸飯巾→入米→鋪勻→中大火蒸 20 分至熟→取出。 5. 另鍋→沙拉油→爆香香菇丁、紅蔥頭片、蝦米→豬絞肉炒至熟透→所有調味料→拌勻→盛裝 1/3 餡料盛裝備用→鍋中續入配方水→煮滾→糯米飯→拌勻。 6. 取模型→抹油→每杯平均放入另盛裝好的餡料→填入糯米飯→壓平→中大火蒸 15 分至熟→取出→倒扣於紙盒。
乾香菇	5	21	
紅蔥頭	7	29	
蝦米	2	8	
絞碎豬肉	40	168	
沙拉油	12	50	
醬油	6	25	
鹽	1.5	6	
味精	0.5	2	
胡椒粉	0.3	1	
水	25	105	
合計	199.3	835	製成率 ＝ 產品總重 / 原料總重 ×100% ＝ 1190 / 835×100% ＝ 143% （本書皆以最小量為範例，且產品總重依各考生實際操作為準）

應檢人簽註出場時間與簽名：

MEMO
重點記下來！

可記下這道題目操作過程中容易出錯的地方，考前詳加複習。

試題名稱

飯粒型－肉粽

試題說明 以長糯米為主原料，經調理後，加入熟內餡（肉、香菇……等），用粽葉包裹再經蒸或煮熟之成品。

製作數量

1. 以長糯米 600 公克，製作肉粽 10 粒。
2. 以長糯米 660 公克，製作肉粽 11 粒。
3. 以長糯米 720 公克，製作肉粽 12 粒。

計算／配方表

原料名稱	係數 / %	600g	660g	720g
		600÷100 = 6	660÷100 = 6.6	720÷100 = 7.2
長糯米	100	600	660	720
紅蔥頭	4	24	26	29
沙拉油	8	48	53	58
醬油	5	30	33	36
鹽	1	6	7	7
胡椒粉	0.1	1	1	1
味精	0.5	3	3	4
水	6	36	40	43
合計	124.6	748	823	898
餡料／粒		10 粒	11 粒	12 粒
滷豬肉塊	1 塊 /25 公克	250 公克	275 公克	300 公克
鹹蛋黃	半顆／粒	5 粒	5.5 粒	6 粒
滷香菇	半朵／粒	5 朵	5.5 朵	6 朵
包粽材料				
粽葉	2 葉／粒	20 葉	22 葉	24 葉
綿繩	1 束	1 束	1 束	1 束

◆**備註：凡有下列任一小項者，其成品品質總分以「0」分計。**

1. 產品重量或數量太多或不足規定。
2. 產品外型式樣有 30%以上不完整（米粒裸露、米粒不完整、熟度不均）。
3. 用粽葉包裹後，未經蒸或煮熟之成品。

肉粽檢定場地設備表—專業設備

編號	名稱	設備規格	單位	數量	備註
1	剪刀	不鏽鋼	支	1	

肉粽檢定材料表（應檢人需依本表材料及數量自由選用制訂配方）

編號	名稱	材料規格	單位	數量	備註
1	糯米	長糯米	公克	750	未泡水重
2	沙拉油	市售品	公克	100	
3	紅蔥頭	鱗莖飽滿	公克	30	
4	醬油	市售品	公克	60	
5	香油	市售品	公克	20	
6	食鹽	精製	公克	20	
7	味精	市售品	公克	20	
8	胡椒粉	市售品	公克	10	
9	五香粉	市售品	公克	10	
10	滷豬肉塊	滷熟的五花肉	公克	300	考場準備
11	鹹蛋黃	已去殼，冷凍	個	6	
12	滷香菇	滷熟的香菇	片	6	考場準備
13	粽葉	乾的麻竹葉	片	30	大小要一致
14	粽繩	藺草或棉線（20 條 1 束）	束	1	任選一種

製作流程

1 長糯米洗淨，泡水靜置 20 分鐘，瀝乾備用。

2 粽葉泡水，以菜瓜布輕輕刷洗，瀝乾備用。

3 紅蔥頭切片，鹹蛋黃切對半，滷香菇切對半，滷五花肉切塊。

4 取炒鍋，倒入長糯米，加水剛好蓋過。

5 以中小火將水分炒乾。

6 倒入放置蒸籠層架中的蒸飯巾，將長糯米鋪均勻。

7 以中大火蒸 20 ～ 30 分鐘，取出。

8 另鍋，倒入沙拉油爆香紅蔥頭片，再加入所有調味料、配方水煮滾。

9 放入糯米飯拌炒均勻。

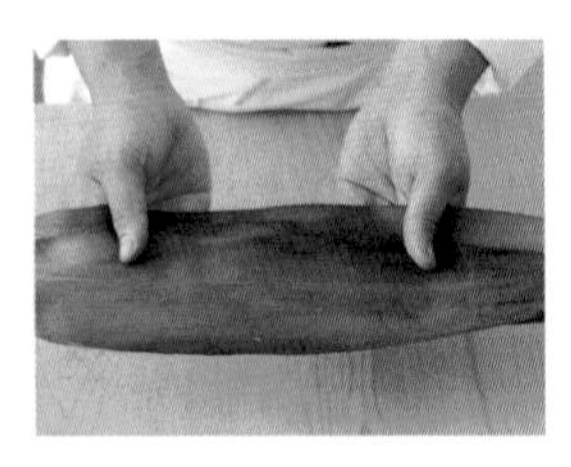

10 取 2 片粽葉，尖葉一朝左一朝右相疊。

11 往其右邊 2/3 處，先摺出一個小摺痕。

12 呈漏斗狀。

13 填入少許糯米飯。

14 依序放入滷豬肉塊、鹹蛋黃、滷香菇，再鋪上糯米飯。

15 將粽葉蓋合後翻轉，壓緊實。

16 左右兩邊收起。

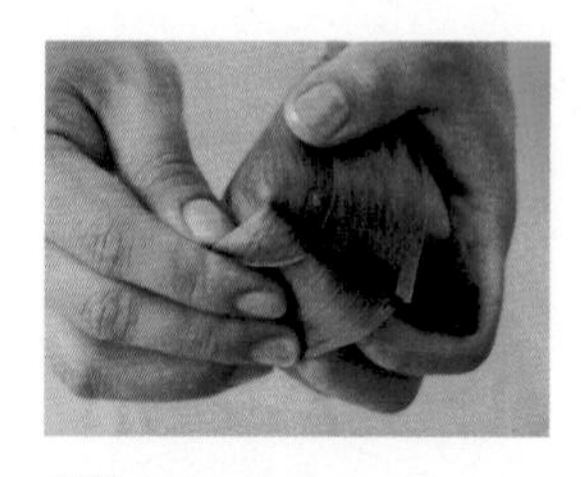

17 多餘的粽葉往其一邊反摺收起，呈立體三角形狀。

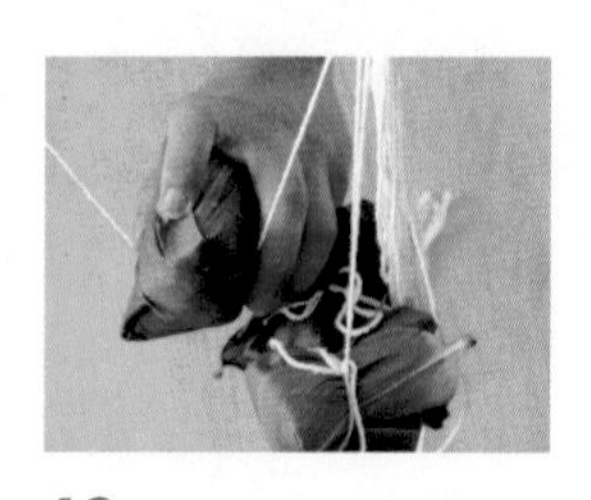

18 取棉線，在上方 1/3 棉線處先定位。

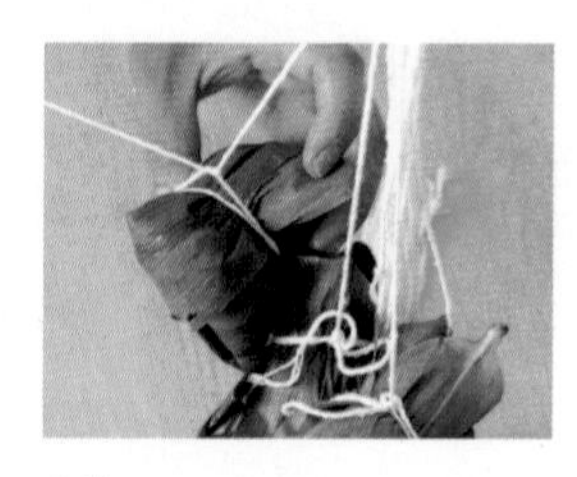

19 繞一圈半，拉緊，打一個單結。

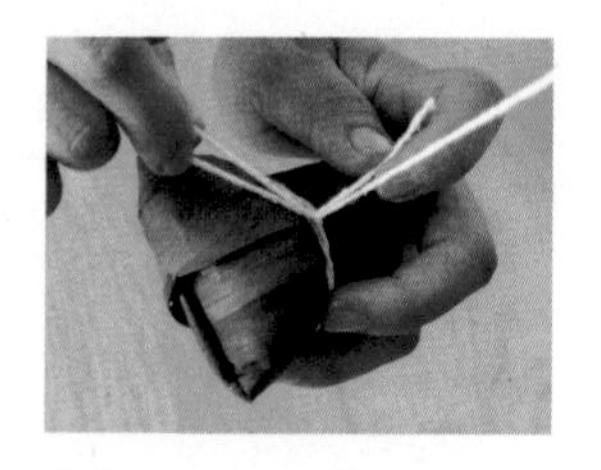

20 再打一個活結。

21 完成所有粽子後，放入蒸籠鍋以中大火蒸 20 分鐘，取出即可。

注意事項

❶ 考場會準備熟餡料，食材不需滷過。

❷ 可將棉線上的圈圈套入水龍頭上，比較好包肉粽。

❸ 粽子不可包太鬆，會使米飯往縫隙掉落；也不可包太緊，會爆餡，力道應剛好。（包粽子與棉線綁粽子的方法可參照右邊 QR Code 影片）

技術士技能檢定中式米食加工丙級術科測試製作報告表

應檢人姓名： ＿＿＿＿＿＿ **准考證號碼：** ＿＿＿＿＿＿

產品名稱： 肉粽 **製作數量：** 長糯米 600 公克，製作 10 粒

原料名稱	百分比(%)	重量(公克)	製作方法與條件
長糯米 紅蔥頭 沙拉油 醬油 鹽 胡椒粉 味精 水	100 4 8 5 1 0.1 0.5 6	600 24 48 30 6 1 3 36	計算： 600÷100 ＝ 6 1. 長糯米洗淨→泡水靜置 20 分鐘→瀝乾。 2. 粽葉泡水→刷洗→瀝乾。 3. 紅蔥頭切片，鹹蛋黃切對半，滷香菇對半，五花肉切塊。 4. 取鍋→入米、水→中小火將水分炒乾。 5. 取層架→放入蒸飯巾→米鋪勻→中大火蒸 20 分鐘至熟→取出。 6. 取鍋→沙拉油→爆香紅蔥頭片→所有調味料、配方水→煮滾→糯米飯→拌勻→盛裝備用。 7. 取粽葉→少許糯米飯→豬肉塊、鹹蛋黃、香菇→糯米飯→包粽子→中大火蒸 20 分鐘→取出。
餡料： 滷豬肉塊 鹹蛋黃 滷香菇	 1 塊／ 25 克 半顆 / 粒 半朵 / 粒	 250 克 5 粒 5 朵	
粽葉 綿繩	2 葉 / 粒 1 束	20 葉 1 束	製成率 ＝ 產品總重 / 原料總重 ×100% ＝ 1453 / 1058×100% ＝ 137% ＊原料總重需再加上餡料重量 （本書皆以最小量為範例，且產品總重依各考生實際操作為準）
合計	124.6	748	

應檢人簽註出場時間與簽名：

試題名稱 粥品型－八寶粥

試題說明 以圓糯米為主原料，加入其他副原料一起熬煮，並調整糖度為 12±2°Brix 之黏稠粥品。

製作數量

1. 以圓糯米 130 公克，製作八寶粥 2500 ～ 3000 公克，分裝於有蓋耐熱容器中。
2. 以圓糯米 135 公克，製作八寶粥 2500 ～ 3000 公克，分裝於有蓋耐熱容器中。
3. 以圓糯米 140 公克，製作八寶粥 2500 ～ 3000 公克，分裝於有蓋耐熱容器中。

計算 / 配方表

原料名稱	係數 %	130g	135g	140g
		130÷100 = 1.3	135÷100 = 1.35	140÷100 = 1.4
圓糯米	100	130	135	140
紅豆	20	26	27	28
綠豆	20	26	27	28
薏仁	20	26	27	28
紅棗	10	13	14	14
桂圓肉	20	26	27	28
麥片	30	39	41	42
花生仁（熟）	20	26	27	28
砂糖	110	143	149	154
水	3200	4160	4320	4480
合計	3550	4615	4794	4970

◆**備註：凡有下列任一小項者，其成品品質總分以「0」分計。**

1. 產品重量或數量太多或不足規定。
2. 產品燒焦。
3. 產品副原料未熟透。

八寶粥檢定場地設備表—專業設備

編號	名稱	設備規格	單位	數量	備註
1	糖度計	手持型，0 ～ 32°Brix	支	1	共用
2	長柄杓	不鏽鋼長度 30 公分	支	1	
3	容器	容積 500 毫升，耐熱 100°C 以上	個	6	可用附蓋紙盒代替

八寶粥檢定材料表（應檢人需依本表材料及數量自由選用制訂配方）

編號	名稱	材料規格	單位	數量	備註
1	糯米	圓糯米	公克	150	
2	桂圓肉	脫殼與子的桂圓肉	公克	40	
3	紅豆	乾貨	公克	30	
4	綠豆	乾貨	公克	30	
5	花生仁（熟）	已煮熟的脫皮花生仁	公克	40	
6	薏仁	熟	公克	40	
7	麥片	乾貨	公克	70	
8	紅棗	乾貨	公克	20	
9	糖	細砂或粗砂	公克	350	

製作流程

1 圓糯米洗淨，泡水靜置 30 分鐘，瀝乾備用。

2 綠豆、薏仁泡水靜置 20 分鐘，瀝乾備用。

3 紅棗去籽，切對半。

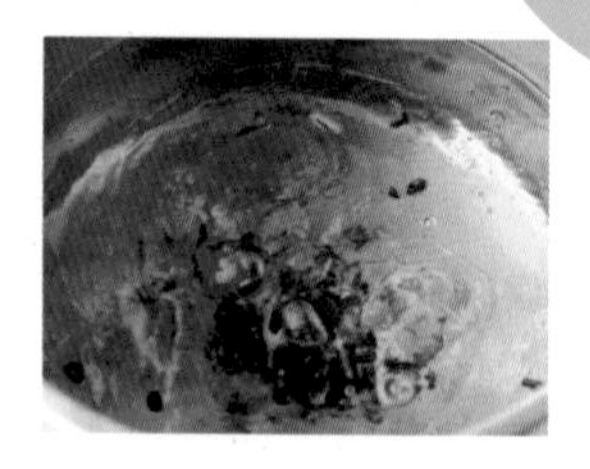

4 取湯鍋，加入配方水、紅豆，以大火煮滾後，改中小火煮 20 分鐘。

5 放入綠豆續煮 20 分鐘。

6 放入圓糯米、薏仁，續煮 20 分鐘。

7 待所有食材均熟化，加入麥片、紅棗、桂圓肉，繼續熬煮 20 分鐘。

8 放入熟花生仁、砂糖，煮至糖溶解。

9 取糖度計，以湯杓舀取一滴湯汁，放入糖度計面板，檢查糖度是否為 12±2°Brix 範圍。

10 以紙盒盛裝即可。

❶ 需注意八寶粥是否要煮至黏稠之產品才符合題意。

❷ 因八寶粥需長時間熬煮，若抽到該題組，建議可優先做。

❸ 因長時間熬煮，建議可使用不鏽鋼湯鍋，若是以炒鍋熬煮太久，可能會滲出鐵鏽味。

❹ 可將爐灶圈反放，湯鍋再架上去時就會更穩、好操作，不易東倒西歪。

❺ 如果糖度不在 12±2°Brix 範圍內，可再加糖做調整。煮的過程中，建議以小火熬煮，以免燒焦。

技術士技能檢定中式米食加工丙級術科測試製作報告表

應檢人姓名： ＿＿＿＿＿＿　**准考證號碼：** ＿＿＿＿＿＿

產品名稱： 八寶粥　**製作數量：** 圓糯米 130 公克，製作 2500 ～ 3000 公克

原料名稱	百分比（%）	重量（公克）	製作方法與條件
圓糯米 紅豆 綠豆 薏仁 紅棗 桂圓肉 麥片 花生仁（熟） 砂糖 水	100 20 20 20 10 20 30 20 110 3200	130 26 26 26 13 26 39 26 143 4160	計算： 130 ÷ 100 ＝ 1.3 1. 圓糯米洗淨→泡水靜置 20 分鐘→瀝乾。 2. 綠豆、薏仁泡水靜置 20 分鐘→紅棗去籽切對半→瀝乾。 3. 取湯鍋→配方水、紅豆→大火煮滾→小火 20 分鐘→綠豆→煮 20 分鐘→圓糯米、薏仁→煮 20 分鐘→入麥片、紅棗、桂圓肉→煮 20 分鐘→入熟花生仁、糖→檢查糖度 12±2° Brix →盛裝。 製成率 ＝ 產品總重 / 原料總重 × 100% ＝ 2558 / 4615 × 100% ＝ 55% （本書皆以最小量為範例，且產品總重依各考生實際操作為準）
合計	3550	4615	

應檢人簽註出場時間與簽名：

MEMO
重點記下來！

可記下這道題目操作過程中容易出錯的地方，考前詳加複習。

粥品型－廣東粥

試題名稱

試題說明

以梗米熬煮成粥底（不可有完整米粒），並添加皮蛋與瘦肉及調味料，調製而成之成品。

製作數量

1. 以蓬來米 125 公克，製作廣東粥 1400 ～ 1800 公克，分裝於考場提供之 4 份容器中。
2. 以蓬來米 130 公克，製作廣東粥 1400 ～ 1800 公克，分裝於考場提供之 4 份容器中。
3. 以蓬來米 135 公克，製作廣東粥 1400 ～ 1800 公克，分裝於考場提供之 4 份容器中。

計算 / 配方表

原料名稱	係數 / %	125g	130g	135g
		125÷100 = 1.25	130÷100 = 1.3	135÷100 = 1.35
蓬萊米	100	125	130	135
腐竹	15	19	20	20
蔥	5	6	7	7
嫩薑	15	19	20	20
味精	2	3	3	3
鹽	4	5	5	5
水	1800	2250	2340	2430
合計	1941	2427	2525	2620
配料 / 份		4 份	4 份	4 份
瘦肉	20 克 / 份	80 克	80 克	80 克
皮蛋	半個 / 份	2 個	2 個	2 個

◆**備註：凡有下列任一小項者，其成品品質總分以「0」分計。**

1. 產品重量或數量太多或不足規定。
2. 產品燒焦。
3. 產品配料不當。

廣東粥檢定場地設備表─專業設備

編號	名稱	設備規格	單位	數量	備註
1	容器	容積 500 毫升，耐熱 100°C 以上	個	4	可用附蓋紙盒代替

廣東粥檢定材料表（應檢人需依本表材料及數量自由選用制訂配方）

編號	名稱	材料規格	單位	數量	備註
1	稉（白）米	蓬來米、良質米	公克	140	
2	腐竹	市售乾燥品	公克	20	
3	青蔥	生鮮市售品	公克	10	
4	嫩薑	生鮮市售品	公克	40	
5	食鹽	精製	公克	20	
6	味精	市售品	公克	10	
7	瘦肉	豬里脊肉或前後腿瘦肉	公克	80	每份 20 公克
8	皮蛋	市售品	個	2	每份半個

製作流程

1 米洗淨，瀝乾備用。

2 腐竹泡軟切碎，薑切絲，蔥切蔥花，瘦肉切絲。

3 取水鍋，冷水下皮蛋，煮滾後轉小火，大約煮 20 分鐘，取出。

4 待涼後剝殼，一開六切小丁。

5 另鍋，加入配方水、米，以大火煮滾，轉中小火煮至米粒糊爛。

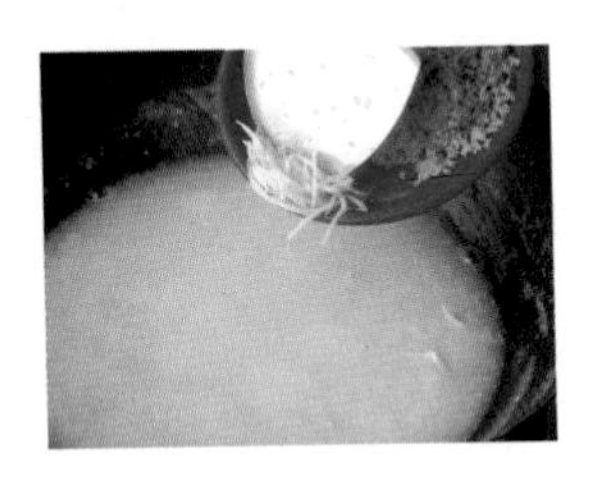

6 放入皮蛋丁、薑絲、腐竹碎和瘦肉絲。

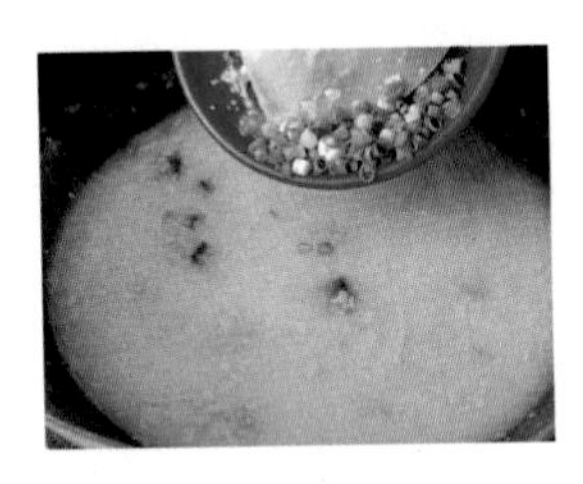

7 續入所有調味料，最後加入蔥花煮滾。

8 以紙碗盛裝即可。

注意事項

❶ 皮蛋先煮過讓蛋黃固化，切的時候，刀子就不會黏稠，會更好切。

❷ 廣東粥規定不可有完整米粒，務必花時間熬煮 1 小時以上，才會使粥綿密。

❸ 熬煮粥時需要適時攪拌，以免鍋底燒焦。

技術士技能檢定中式米食加工丙級術科測試製作報告表

應檢人姓名： ＿＿＿＿　**准考證號碼：** ＿＿＿＿

產品名稱： 廣東粥　**製作數量：** 蓬來米 125 公克，製作 1400 ～ 1800 公克

原料名稱	百分比 (%)	重量 (公克)	製作方法與條件
蓬萊米 腐竹 蔥 嫩薑 味精 鹽 水	100 15 5 15 2 4 1800	125 19 6 19 3 5 2250	計算： 125÷100 ＝ 1.25 1. 白米洗淨→瀝乾→配方水。 2. 腐竹泡軟切碎，薑切絲，蔥切蔥花，瘦肉切絲。 3. 取水鍋→皮蛋→小火煮 15 分鐘→取出→切丁。 4. 另鍋→配方水、米→糊化→皮蛋丁、薑絲、肉絲、腐竹碎→所有調味料→煮滾→蔥花→盛裝。
配料 / 份： 瘦肉 皮蛋	 20 克 / 份 半個 / 份	 80 克 2 個	製成率 ＝ 產品總重 / 原料總重 ×100% ＝ 1638 / 2637×100% ＝ 62% *原料總重需再加上配料重量 （本書皆以最小量為範例，且產品總重依各考生實際操作為準）
合計	1941	2427	

應檢人簽註出場時間與簽名：

MEMO
重點記下來！

可記下這道題目操作過程中容易出錯的地方，考前詳加複習。

粥品型－海鮮粥

試題名稱 粥品型－海鮮粥

試題說明 用粳米以蒸籠製作白米飯，再以白米飯及海鮮等副原料及調味料，製成之成品（需有完整米粒）。

製作數量

1. 用粳米 300 公克製作白米飯，再以白米飯 300 公克，製作海鮮粥 3 份（每份約 400 公克），白米飯及粥分裝於不同容器中。
2. 用粳米 350 公克製作白米飯，再以白米飯 400 公克，製作海鮮粥 4 份（每份約 400 公克），白米飯及海鮮粥分裝於不同容器中。
3. 用粳米 400 公克製作白米飯，再以白米飯 500 公克，製作海鮮粥 5 份（每份約 400 公克），白米飯及海鮮粥分裝於不同容器中。

計算 / 配方表

原料名稱	係數 / %	300g	350g	400g
		300÷100 ＝ 3	350÷100 ＝ 3.5	400÷100 ＝ 4
白米飯	100	300	400	500
薑絲	5	15	18	20
蔥	2	6	7	8
蝦仁	12	36	42	48
蟹腳肉	12	36	42	48
鹽	3	9	11	12
味精	0.5	2	2	2
米酒	5	15	18	20
水	450	1350	1575	1800
合計	589.5	1769	2115	2458

◆備註：凡有下列任一小項者，其成品品質總分以「0」分計。

1. 白米飯：
   （1）產品重量或數量太多或不足規定。
   （2）米粒未熟或過度潰爛。
   （3）底部焦黑。
2. 海鮮粥：
   （1）產品重量或數量太多或不足規定。
   （2）產品外型不佳（米粒糜爛）。

海鮮粥檢定場地設備表—專業設備

編號	名稱	設備規格	單位	數量	備註
1	容器	容積 500 毫升，耐熱 100°C 以上	個	6	可用附蓋紙盒代替

海鮮粥檢定材料表（應檢人需依本表材料及數量自由選用制訂配方）

編號	名稱	材料規格	單位	數量	備註
1	白米	稉米	公克	450	
2	蝦仁	冷凍市售品	公克	60	
3	蟹腳肉	冷凍市售品	公克	60	
4	食鹽	精製	公克	20	
5	味精	市售品	公克	10	
6	薑絲	生鮮市售品（嫩）	公克	40	
7	米酒	市售品	公克	50	
8	青蔥	生鮮市售品	公克	10	

製作流程

1 蝦仁挑去腸泥，蟹腳肉洗淨，蔥切蔥花。

2 取炒鍋，加入配方水煮滾，放入白米飯，再煮滾。

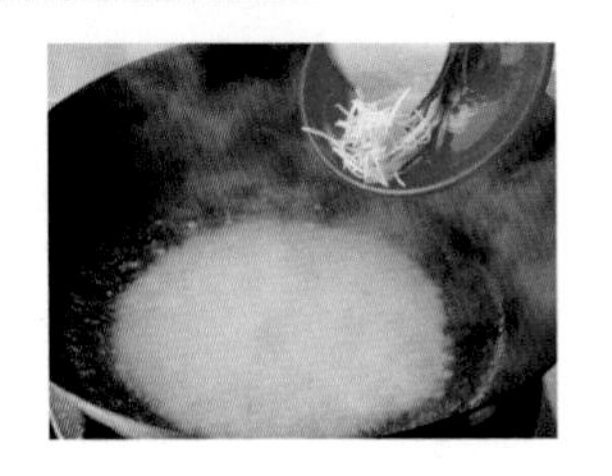

3 轉微火，放入薑絲、蝦仁、蟹腳肉，待熟。

4 加入所有調味料。

5 加入蔥花，煮滾。

6 以紙碗盛裝即可。

注意事項

❶ 抽到海鮮粥時，白米飯需自行製作，再依海鮮粥題目秤量白米飯的重量，並於繳交成品時，附上剩餘的白米飯和白米飯製作報告表。白米飯的做法可參照 p.39。

❷ 煮海鮮時，可改以微滾煮熟，口感才不會像橡皮筋一樣，會比較軟嫩。

❸ 蔥花為綠色蔬菜，最後加入、拌熟即可，煮太久會使蔥綠變色，較不美觀。

❹ 海鮮粥之成品要保有完整米粒，故煮滾即可，不需像廣東粥煮至糊化、熟爛。

技術士技能檢定中式米食加工丙級術科測試製作報告表

應檢人姓名： ＿＿＿＿＿＿ **准考證號碼：** ＿＿＿＿＿＿

產品名稱： 海鮮粥 **製作數量：** 以白米飯 300 公克，製作 3 份

原料名稱	百分比（%）	重量（公克）	製作方法與條件
白米飯 薑絲 蔥 蝦仁 蟹腳肉 鹽 味精 米酒 水	100 5 2 12 12 3 0.5 5 450	300 15 6 36 36 9 2 15 1350	計算： 300÷100 ＝ 3 1. 蝦仁去腸泥、蟹腳肉洗淨、蔥切蔥花。 2. 取鍋→配方水→煮滾→白米飯→煮滾→薑絲、蟹腳肉、蝦仁→所有調味料→蔥花→盛裝。 製成率 ＝ 產品總重 / 原料總重 ×100% ＝ 1618 / 1769× 100% ＝ 91% （本書皆以最小量為範例，且產品總重依各考生實際操作為準）
合計	589.5	1769	

應檢人簽註出場時間與簽名： ＿＿＿＿＿＿

MEMO
重點記下來！

可記下這道題目操作過程中容易出錯的地方，考前詳加複習。

試題名稱

米漿型－發粿

試題說明

1. 以秈米（在來米）粉為主原料，經加工蒸熟後，表面至少有三瓣自然裂口之成品。
2. 低筋麵粉用量不可大於秈米（在來米）粉的 40%。

製作數量

1. 以秈米（在來米）粉 300 公克，製作發粿 9 個。
2. 以秈米（在來米）粉 360 公克，製作發粿 11 個。
3. 以秈米（在來米）粉 420 公克，製作發粿 13 個。

計算 / 配方表

原料名稱	% ＼ 係數	300g	360g	420g
		300÷100 = 3	360÷100 = 3.6	420÷100 = 4.2
在來米粉	100	300	360	420
低筋麵粉	40	120	144	168
泡打粉	6	18	22	25
砂糖	60	180	216	252
水	120	360	432	504
合計	326	978	1174	1369

◆**備註：凡有下列任一小項者，其成品品質總分以「0」分計。**

1. 產品重量或數量太多或不足規定。
2. 產品外型式樣有 30%以上不完整（裂紋太少、無裂紋、未膨脹等）。
3. 產品未熟。

發粿檢定場地設備表—專業設備

編號	名稱	設備規格	單位	數量	備註
1	蒸炊專用耐蒸型紙杯	容積 180 ～ 200 毫升	個	15	紙杯內部高度至少 3 公分或以上

發粿檢定材料表（應檢人需依本表材料及數量自由選用制訂配方）

編號	名稱	材料規格	單位	數量	備註
1	秈米（在來米）粉	市售在來米粉，須為 100%秈米（在來米）粉，無添加其他澱粉類	公克	450	建議用水磨乾粉
2	麵粉	低筋	公克	180	
3	糖	細砂或二砂	公克	450	
4	泡打粉	雙重反應式	公克	50	

製作流程

1 在來米粉、低筋麵粉一同過篩入鋼盆中。

2 糖、水拌勻至無顆粒。

3 將糖水加入粉中，攪拌均勻。

4 倒入過篩好的泡打粉，攪拌均勻成米漿。

5 米漿平均倒入紙杯中。

6 待蒸籠鍋大滾後，紙杯放入蒸籠鍋中蒸，以大火蒸 20 分鐘，取出即可。

注意事項

❶ 蒸氣量與溫度會影響發粿的脹裂，因此，建議起半鍋的蒸籠水，確保蒸氣量使發糕不易失敗。

❷ 發粿會因為攪拌、火力等等的因素造成失敗，而未符合題意之三瓣自然裂口，考生應於考前多加練習。

❸ 若使用瓷碗，因為導熱較慢，瓷碗需先入蒸籠預熱。

技術士技能檢定中式米食加工丙級術科測試製作報告表

應檢人姓名： ______ **准考證號碼：** ______

產品名稱： 發粿 **製作數量：** 以在來米粉 300 公克，製作 9 個

原料名稱	百分比（%）	重量（公克）	製作方法與條件
在來米粉 低筋麵粉 泡打粉 砂糖 水	100 40 6 60 120	300 120 18 180 360	計算： 300÷100 ＝ 3 1. 在來米粉、低粉過篩。 2. 取鋼盆→糖、水拌勻→倒入過篩粉類→拌勻→過篩的泡打粉→攪拌均勻。 3. 米漿平均倒入紙杯→大火蒸 20 分鐘至熟→取出。 製成率 ＝ 產品總重 / 原料總重 ×100% ＝ 998 / 978×100% ＝ 102% （本書皆以最小量為範例，且產品總重依各考生實際操作為準）
合計	326	978	

應檢人簽註出場時間與簽名：

MEMO
重點記下來！

可記下這道題目操作過程中容易出錯的地方，考前詳加複習。

試題名稱

米漿型－碗粿

試題說明

以秈米（在來米）粉為主原料，經適度糊化分裝後，放入調理好的副原料，經蒸熟後粿表面平坦之成品。

製作數量

1. 以秈米（在來米）粉 300 公克，製作碗粿 6 份。
2. 以秈米（在來米）粉 350 公克，製作碗粿 7 份。
3. 以秈米（在來米）粉 400 公克，製作碗粿 8 份。

計算 / 配方表

原料名稱	係數 / %	300g	350g	400g
		300÷100 = 3	350÷100 = 3.5	400÷100 = 4
在來米粉	100	300	350	400
馬鈴薯澱粉	10	30	35	40
水	400	1200	1400	1600
乾香菇	5	15	18	20
蝦米	3	9	11	12
紅蔥頭	5	15	18	20
碎蘿蔔乾	10	30	35	40
沙拉油	10	30	35	40
絞碎豬肉	30	90	105	120
鹽	3	9	11	12
味精	2	6	7	8
醬油	4	12	14	16
胡椒粉	0.5	2	2	2
合計	582.5	1748	2041	2330

◆備註： 凡有下列任一小項者，其成品品質總分以「0」分計。

1. 產品重量或數量太多或不足規定。
2. 產品外型式樣有 30%以上不完整（粿體表面不平坦、潰爛）。
3. 產品未熟。

碗粿檢定場地設備表—專業設備

編號	名稱	設備規格	單位	數量	備註
1	蒸碗	瓷碗或耐熱＋120°C 以上之無毒材質碗，容積 200 ～ 250 毫升	個	10	

碗粿檢定材料表（應檢人需依本表材料及數量自由選用制訂配方）

編號	名稱	材料規格	單位	數量	備註
1	秈米（在來米）粉	市售在來米粉，須為 100%秈米（在來米）粉，無添加其他澱粉類	公克	450	建議用水磨乾粉
2	澱粉	木（樹）薯澱粉或馬鈴薯澱粉	公克	60	
3	香菇	乾貨	公克	30	
4	絞碎豬肉	新鮮或冷凍絞肉	公克	200	
5	碎蘿蔔乾	絞碎的蘿蔔乾	公克	60	
6	蝦米	乾貨，新鮮無異味	公克	30	
7	沙拉油	市售品	公克	80	
8	紅蔥頭	鱗莖飽滿	公克	40	
9	食鹽	精製	公克	20	
10	味精	市售品	公克	10	
11	醬油	市售品	公克	20	
12	香油	市售品	公克	20	
13	胡椒粉	市售品	公克	5	

製作流程

1 乾香菇泡軟切小丁，蝦米泡軟瀝乾，碎蘿蔔乾泡水，紅蔥頭切片。

2 取炒鍋，倒入沙拉油，爆香香菇丁、紅蔥頭片、蝦米和碎蘿蔔乾。

3 加入絞碎豬肉炒熟。

4 加入所有調味料，拌炒均勻，盛盤備用。

5 取鋼盆，放入在來米粉、馬鈴薯澱粉和配方水，拌勻呈米粉漿。

6 續入 3/4 餡料，拌勻。

7 另鍋，倒入米粉漿，以中小火和煎鏟將米粉漿拌勻至糊化。

8 將米粉漿平均分裝於蒸碗中。

9 以湯匙沾水抹平表面。

10 將剩餘的 1/4 餡料平均鋪於表面，放入蒸籠鍋，以中大火蒸 30 分鐘，取出即可。

注意事項

❶ 碗粿入蒸前，表面用湯匙沾水抹平，可使外觀平坦且更好看。
❷ 米粉漿糊化時，可使用煎鏟沿著鍋邊、鍋底順拌，而且火不要過大，避免焦黑。
❸ 蒸籠鍋的水要煮滾，才可放入碗粿蒸，以免延長熟製時間。
❹ 剛蒸煮完取出時，表層會水水的屬正常現象，並非未熟。
❺ 糊化過程中，若火開大，速度就會更快，一不小心就會造成糊化過硬，使成品表面很難抹平，所以火力盡量能配合可攪拌的速度來調整。
❻ 可自備小湯匙使用。

技術士技能檢定中式米食加工丙級術科測試製作報告表

應檢人姓名： ________　　**准考證號碼：** ________

產品名稱： 碗粿　　**製作數量：** 以在來米粉 300 公克，製作 6 份

原料名稱	百分比（%）	重量（公克）
在來米粉	100	300
馬鈴薯澱粉	10	30
水	400	1200
乾香菇	5	15
蝦米	3	9
紅蔥頭	5	15
碎蘿蔔乾	10	30
沙拉油	10	30
絞碎豬肉	30	90
鹽	3	9
味精	2	6
醬油	4	12
胡椒粉	0.5	2
合計	582.5	1748

製作方法與條件

計算：

300÷100 ＝ 3

1. 乾香菇泡軟切丁，紅蔥頭切片，碎蘿蔔乾，蝦米泡軟瀝乾。
2. 取鍋→沙拉油→爆香香菇丁、紅蔥頭片、蝦米、蘿蔔乾→豬絞肉炒至熟透→所有調味料→拌勻→盛裝備用。
3. 取鋼盆→在來米粉、馬鈴薯澱粉、配方水拌勻→ 3/4 餡料→拌勻。
4. 另鍋→米粉漿→拌至糊化→分裝於碗中→抹平→平均鋪剩餘 1/4 餡料→中大火蒸 30 分鐘至熟→取出。

製成率 ＝ 產品總重 / 原料總重 ×100%

＝ 1410 / 1748×100%

＝ 81%

（本書皆以最小量為範例，且產品總重依各考生實際操作為準）

應檢人簽註出場時間與簽名：

MEMO
重點記下來！

可記下這道題目操作過程中容易出錯的地方，考前詳加複習。

試題名稱　米漿型－蘿蔔糕

試題說明

以秈米（在來米）粉和白蘿蔔為主原料，經適度糊化，裝入模具後，經蒸熟後粿體表面平坦之成品。

製作數量

1. 以秈米（在來米）粉 400 公克，製作蘿蔔糕 4 個。
2. 以秈米（在來米）粉 420 公克，製作蘿蔔糕 4 個。
3. 以秈米（在來米）粉 440 公克，製作蘿蔔糕 4 個。

計算 / 配方表

原料名稱	% ＼ 係數	400g	420g	440g
		400÷100 ＝ 4	420÷100 ＝ 4.2	440÷100 ＝ 4.4
在來米粉	100	400	420	440
水 -A	280	1120	1176	1232
乾香菇	4	16	17	18
蝦米	4	16	17	18
白蘿蔔	100	400	420	440
砂糖	2	8	8	9
鹽	3	12	13	13
胡椒粉	0.5	2	2	2
香油	5	20	21	22
水 -B	20	80	84	88
合計	518.5	2074	2178	2282

◆備註：凡有下列任一小項者，其成品品質總分以「0」分計。

1. 產品重量或數量太多或不足規定。
2. 產品外型式樣不完整（粿體表面不平坦、潰爛）。
3. 產品配料不均。
4. 產品未熟。

蘿蔔糕檢定場地設備表—專業設備

編號	名稱	設備規格	單位	數量	備註
1	蒸盤	不鏽鋼，容量 500 ～ 600 公克	個	4	可用同規格鋁箔盒代替
2	刨絲器	不鏽鋼粗孔式	支	1	
3	刨皮刀	不鏽鋼	支	1	

蘿蔔糕檢定材料表（應檢人需依本表材料及數量自由選用制訂配方）

編號	名稱	材料規格	單位	數量	備註
1	秈米（在來米）粉	市售品， 須為 100%秈米（在來米）粉， 無添加其他澱粉類	公克	450	建議用水磨乾粉
2	白蘿蔔	新鮮白蘿蔔連皮	公克	450	
3	蝦米	乾貨，新鮮無異味	公克	20	
4	香菇	乾貨	公克	20	
5	白糖	細砂	公克	70	
6	食鹽	精製	公克	30	
7	味精	市售品	公克	30	
8	香油	市售品	公克	30	
9	胡椒粉	市售品	公克	5	

製作流程

1 乾香菇泡軟切絲，蝦米泡軟瀝乾，白蘿蔔切絲。

2 取鋼盆，將在來米粉、配方水 -A 拌勻呈米粉漿，備用。

3 取炒鍋，倒入香油爆香香菇絲、蝦米，加入白蘿蔔絲拌炒。

4 加入配方水 -B、所有調味料，待白蘿蔔絲軟化。

5 倒入米粉漿拌勻。

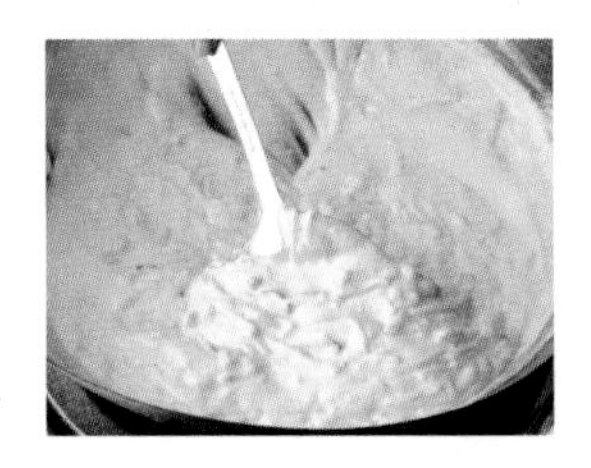

6 以中小火和煎鏟將米粉漿拌勻至糊化。

7 將米粉漿平均分裝入模型中。

8 以湯匙沾水抹平表面，放入蒸籠鍋中，以中大火蒸 30 分鐘，取出即可。

注意事項

❶ 考場有提供刨絲器，可以用來刨白蘿蔔。
❷ 蘿蔔糕入蒸前，表面用湯匙沾水抹平，可使外觀平坦且更好看。
❸ 米粉漿糊化時，可使用煎鏟或打蛋器沿著鍋邊、鍋底順拌，而且火不要過大，避免焦黑。
❹ 剛蒸煮完取出時，表層會水水的屬正常現象，並非未熟。
❺ 白蘿蔔絲切 0.3 公分粗絲即可，不需太細。
❻ 可自備小湯匙使用。
❼ 糊化時，可適當離火攪拌，使攪拌更均勻。

技術士技能檢定中式米食加工丙級術科測試製作報告表

應檢人姓名： ________　**准考證號碼：** ________

產品名稱： 蘿蔔糕　**製作數量：** 以在來米粉 400 公克，製作 4 個

原料名稱	百分比（%）	重量（公克）	製作方法與條件
在來米粉 水 -A 乾香菇 蝦米 白蘿蔔 砂糖 鹽 胡椒粉 香油 水 -B	100 280 4 4 100 2 3 0.5 5 20	400 1120 16 16 400 8 12 2 20 80	計算： 400÷100 ＝ 4 1. 乾香菇泡軟切絲，白蘿蔔切絲，蝦米泡軟瀝乾。 2. 取鋼盆→在來米粉、配方水 -A →拌勻。 3. 取鍋→香油→爆香香菇絲、蝦米→白蘿蔔絲→配方水 -B、所有調味料→炒軟→米粉漿→拌至糊化→分裝於模型中→抹平→中大火蒸 30 分鐘至熟。 製成率 ＝ 產品總重 / 原料總重 ×100% ＝ 1827 / 2074×100% ＝ 88% （本書皆以最小量為範例，且產品總重依各考生實際操作為準）
合計	518.5	2074	

應檢人簽註出場時間與簽名：

MEMO
重點記下來！

可記下這道題目操作過程中容易出錯的地方，考前詳加複習。

試題名稱

米漿型－芋頭糕

試題說明

以秈米（在來米）粉和芋頭為主原料，經適度糊化，裝入模具後，經蒸熟後粿體表面平坦之成品。

製作數量

1. 以秈米（在來米）粉 400 公克，製作芋頭糕 4 個。
2. 以秈米（在來米）粉 420 公克，製作芋頭糕 4 個。
3. 以秈米（在來米）粉 440 公克，製作芋頭糕 4 個。

計算 / 配方表

原料名稱	係數 / %	400g	420g	440g
		400÷100 = 4	420÷100 = 4.2	440÷100 = 4.4
在來米粉	100	400	420	440
水 -A	280	1120	1176	1232
蝦米	10	40	42	44
芋頭	80	320	336	352
砂糖	2	8	8	9
鹽	3	12	13	13
胡椒粉	0.5	2	2	2
香油	6	24	25	26
水 -B	21	84	88	92
合計	502.5	2010	2110	2210

◆備註： 凡有下列任一小項者，其成品品質總分以「0」分計。

1. 產品重量或數量太多或不足規定。
2. 產品外型式樣不完整（粿體表面不平坦、潰爛）。
3. 產品配料不均。
4. 產品未熟。

芋頭糕檢定場地設備表—專業設備

編號	名稱	設備規格	單位	數量	備註
1	蒸盤	不鏽鋼，容量 500 ～ 600 公克	個	4	可用同規格鋁箔盒代替
2	刨絲器	不鏽鋼粗孔式	支	1	

芋頭糕檢定材料表（應檢人需依本表材料及數量自由選用制訂配方）

編號	名稱	材料規格	單位	數量	備註
1	秈米粉	市售品在來米粉， 須為 100%秈米（在來米）粉， 無添加其他澱粉類	公克	450	建議用水磨乾粉
2	芋頭	新鮮檳榔芋連皮	公克	450	
3	蝦米	乾貨，新鮮無異味	公克	50	
4	白糖	細砂	公克	70	
5	食鹽	精製	公克	30	
6	味精	市售品	公克	30	
7	香油	市售品	公克	30	
8	胡椒粉	市售品	公克	5	

製作流程

1 蝦米泡軟瀝乾，芋頭切絲。

2 取鋼盆，將在來米粉、配方水 -A 拌勻呈米粉漿，備用。

3 取炒鍋，倒入香油爆香蝦米，放入芋頭絲拌炒。

4 加入配方水 -B、所有調味料，待芋頭軟化，倒入米粉漿拌勻。

5 以中小火和打蛋器將米粉漿拌勻至糊化。

6 將米粉漿平均分裝於模型中。

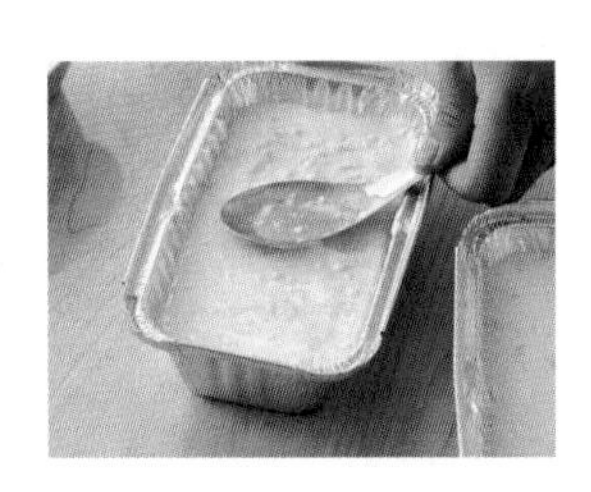

7 以湯匙沾水抹平表面，放入蒸籠鍋中，以中大火蒸 30 分鐘，取出即可。

注意事項

❶ 可以使用考場提供的刨絲器刨絲，但是芋頭屬較硬食材，用菜刀切比較安全。

❷ 芋頭糕入蒸前，表面用湯匙沾水抹平，可使外觀平坦且更好看。

❸ 米粉漿糊化時，可使用煎鏟或打蛋器沿著鍋邊、鍋底順拌，而且火不要過大，避免焦黑。

❹ 剛蒸煮完取出時，表層會水水的屬正常現象，並非未熟。

技術士技能檢定中式米食加工丙級術科測試製作報告表

應檢人姓名：＿＿＿＿＿＿　准考證號碼：＿＿＿＿＿＿

產品名稱：芋頭糕　製作數量：以在來米粉 400 公克，製作 4 個

原料名稱	百分比（%）	重量（公克）	製作方法與條件
在來米粉 水 -A 蝦米 芋頭 砂糖 鹽 胡椒粉 香油 水 -B	100 280 10 80 2 3 0.5 6 21	400 1120 40 320 8 12 2 24 84	計算： 400÷100 ＝ 4 1. 芋頭切絲，蝦米泡軟瀝乾。 2. 取鋼盆→在來米粉、配方水 -A →拌勻。 3. 取鍋→香油→爆香蝦米→芋頭絲→配方水 -B、所有調味料→炒軟→米粉漿→拌至糊化→分裝於模型中→抹平→中大火蒸 30 分至熟。 製成率 ＝ 產品總重 / 原料總重 ×100% ＝ 1895 / 2010×100% ＝ 94% （本書皆以最小量為範例，且產品總重依各考生實際操作為準）
合計	502.5	2010	

應檢人簽註出場時間與簽名：

MEMO 重點記下來！

可記下這道題目操作過程中容易出錯的地方，考前詳加複習。

試題名稱

一般漿糰型－芋粿巧

試題說明

1. 以米穀粉為主原料，配合芋頭與蝦米等調配料調製的漿糰，經整型及蒸熟之成品。
2. 可使用攪拌機製作漿糰。

製作數量

1. 以【總米穀粉量（糯米粉＋秈米粉）】400 公克，製作芋粿巧 24 個。
2. 以【總米穀粉量（糯米粉＋秈米粉）】450 公克，製作芋粿巧 27 個。
3. 以【總米穀粉量（糯米粉＋秈米粉）】500 公克，製作芋粿巧 30 個。

計算 / 配方表

	原料名稱	係數 / %	400g	450g	500g
			400÷（80+20）＝4	450÷（80+20）＝4.5	500÷（80+20）＝5
總米穀量	圓糯米粉	80	320	360	400
	在來米粉	20	80	90	100
	水	75	300	338	375
	蝦米	4	16	18	20
	紅蔥頭	4	16	18	20
	芋頭	50	200	225	250
	沙拉油	9	36	41	45
	鹽	1	4	5	5
	味精	0.5	2	2	3
	胡椒粉	0.5	2	2	3
	五香粉	0.5	2	2	3
	香油	1	4	5	5
	合計	245.5	982	1106	1229

◆備註：凡有下列任一小項者，其成品品質總分以「0」分計。

1. 產品重量或數量太多或不足規定。
2. 產品外型式樣有 30%以上不完整。
3. 產品糊化過度。
4. 產品未熟。

芋頭糕檢定場地設備表—專業設備

編號	名稱	設備規格	單位	數量	備註
1	刨絲器	不鏽鋼粗孔式	支	1	
2	容器	耐熱 100°C 以上，外緣長 20 公分，寬 15 公分，附蓋	個	4	可用有蓋紙盒代替

芋頭糕檢定材料表（應檢人需依本表材料及數量自由選用制訂配方）

編號	名稱	材料規格	單位	數量	備註
1	圓糯米粉	市售品，須為 100% 圓糯米粉，無添加其他澱粉類	公克	400	建議用水磨乾粉
2	仙米粉	市售品在來米粉，須為 100% 秈米（在來米）粉，無添加其他澱粉類	公克	300	建議用水磨乾粉
3	芋頭	新鮮檳榔芋連皮	公克	500	
4	蝦米	乾貨，新鮮無異味	公克	40	
5	沙拉油	市售品	公克	100	
6	紅蔥頭	市售品	公克	40	
7	食鹽	精製	公克	20	
8	味精	市售品	公克	20	
9	香油	市售品	公克	20	
10	醬油	市售品	公克	20	
11	胡椒粉	市售品	公克	5	
12	五香粉	市售品	公克	5	

製作流程

1 蝦米泡軟瀝乾，紅蔥頭切片，芋頭切絲。

2 取炒鍋，倒入沙拉油爆香蝦米、紅蔥頭片。

3 放入芋頭絲拌炒，加入所有調味料，炒軟後盛盤，備用。

4 取鋼盆，加入圓糯米粉、在來米粉，再放入餡料。

5 稍微拌勻。

6 慢慢倒入配方水，拌勻成糰。

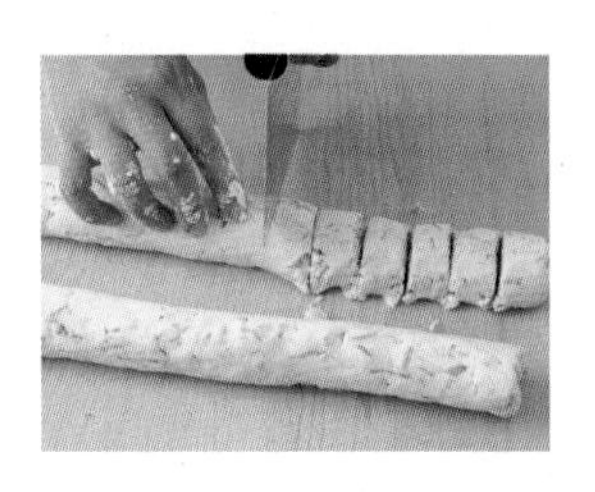

7 搓長，分割成 40 公克 / 個。

8 搓約 10公分長條狀。

9 整型呈彎月形，放置於饅頭紙上。

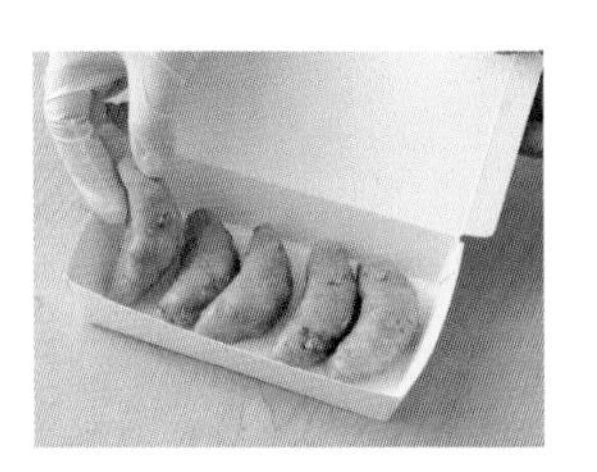

10 放入蒸籠中，以中大火蒸 25 分鐘，取出，以紙盒盛裝即可。

注意事項

❶ 先將餡料加粉拌勻，水慢慢加，調整漿糰軟硬度，以不沾黏即可。

❷ 可將整型好的芋粿巧放置於饅頭紙上，以防沾黏，再放入蒸籠一同蒸熟。

❸ 考場若未提供饅頭紙，也可用蒸籠布替代。

技術士技能檢定中式米食加工丙級術科測試製作報告表

應檢人姓名： 　　　　　　　　**准考證號碼：**

產品名稱： 芋粿巧　　　　**製作數量：** 總米穀粉（糯米粉＋秈米粉）400 公克，製作 24 個

原料名稱	百分比（%）	重量（公克）	製作方法與條件
圓糯米粉 在來米粉 水 蝦米 紅蔥頭 芋頭 沙拉油 鹽 味精 胡椒粉 五香粉 香油	80 20 75 4 4 50 9 1 0.5 0.5 0.5 1	320 80 300 16 16 200 36 4 2 2 2 4	計算： 400÷（80 ＋ 20）＝ 4 1. 紅蔥頭切片，芋頭切絲，蝦米泡軟瀝乾。 2. 取鍋→沙拉油→爆香蝦米、紅蔥頭片→芋頭絲→所有調味料→炒軟→盛裝備用。 3. 取鋼盆→圓糯米粉、在來米粉→餡料→稍拌→配方水、邊拌揉糰→成糰。 4. 搓長→分割→整形→置於饅頭紙上→中大火蒸 25 分鐘至熟→取出→盛裝。 製成率 ＝ 產品總重 / 原料總重 ×100% ＝ 970 / 982×100% ＝ 99% （本書皆以最小量為範例，且產品總重依各考生實際操作為準）
合計	245.5	982	

應檢人簽註出場時間與簽名：

MEMO
重點記下來！

可記下這道題目操作過程中容易出錯的地方，考前詳加複習。

試題名稱

一般漿糰型－湯圓

試題說明

1. 以糯米粉為主原料，加水調製成漿糰，經包餡整成圓形後煮熟之成品。
2. 可使用攪拌機製作漿糰。

製作數量

1. 以圓糯米粉 500 公克，製作湯圓 35 個（皮：餡＝5：2），並取出 10 個煮熟後評分。
2. 以圓糯米粉 530 公克，製作湯圓 37 個（皮：餡＝5：2），並取出 10 個煮熟後評分。
3. 以圓糯米粉 560 公克，製作湯圓 39 個（皮：餡＝5：2），並取出 10 個煮熟後評分。

計算 / 配方表

原料名稱	% ＼ 係數	500g	530g	560g
		500÷100 = 5	530÷100 = 5.3	560÷100 = 5.6
圓糯米粉	100	500	530	560
溫熱水	80	400	424	448
沙拉油	5	25	27	28
合計	185	925	981	1036
含油烏豆沙	100	350	370	390

◆備註： 凡有下列任一小項者，其成品品質總分以「0」分計。

1. 產品重量或數量太多或不足規定。
2. 產品外型式樣有 30%以上不完整（破皮）。
3. 產品嚴重龜裂。

湯圓檢定場地設備表—專業設備

編號	名稱	設備規格	單位	數量	備註
1	漏杓	不鏽鋼	支	1	
2	容器	耐熱 100°C 以上，外緣長 20 公分，寬 15 公分，附蓋	個	2	可用有蓋紙盒代替

湯圓檢定材料表（應檢人需依本表材料及數量自由選用制訂配方）

編號	名稱	材料規格	單位	數量	備註
1	糯米粉	市售品，須為 100%圓糯米粉，無添加其他澱粉類	公克	600	建議用水磨乾粉
2	油	沙拉油	公克	70	
3	含油烏豆沙		公克	500	

製作流程

1 取攪拌缸，放入圓糯米粉、沙拉油，再倒入溫熱水，攪拌成糰，取出。

2 以鋼盆倒蓋，鬆弛30分鐘。

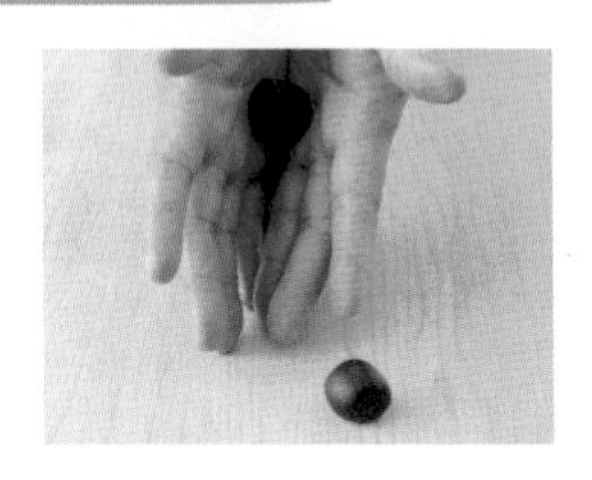

3 取豆沙餡分割成10公克／個，搓圓。

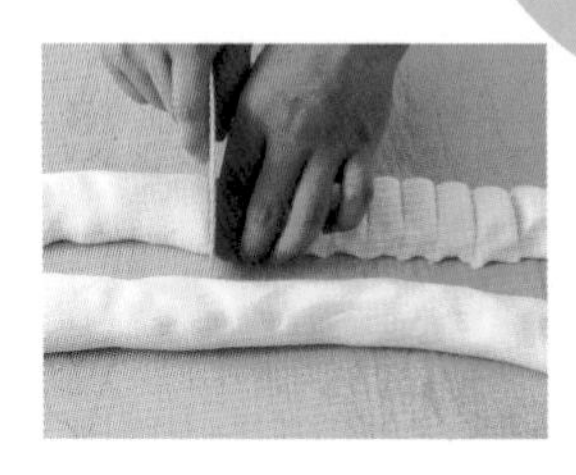

4 將粉糰搓長，分割26公克／個。

5 搓圓。

6 壓扁，然後包入豆沙餡。

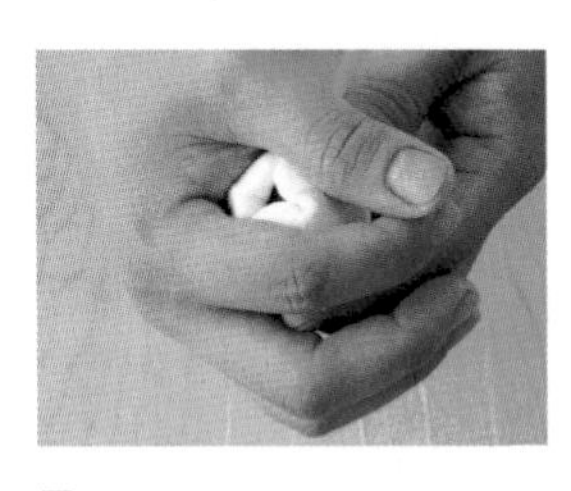

7 以虎口捏緊收口處。

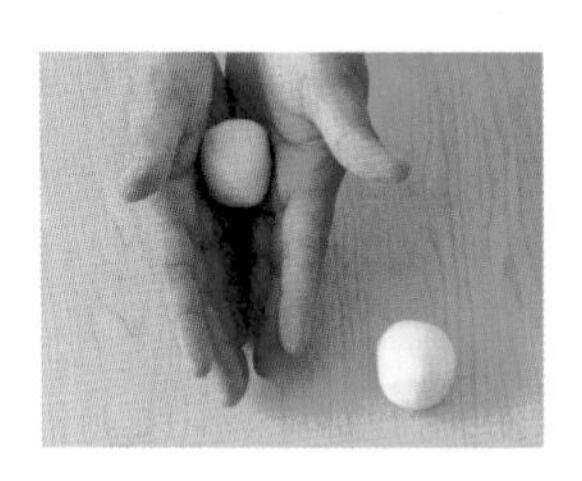

8 整圓，蓋鋼盆，備用。

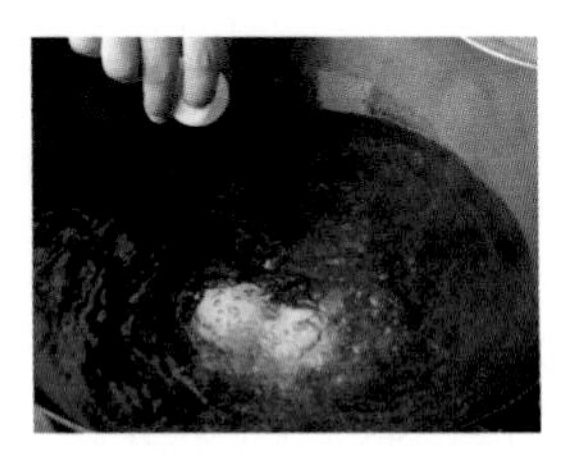

9 取水鍋，煮滾後放入10顆湯圓煮熟。

10 撈起後，以紙盒盛裝，未煮的湯圓另盛裝，一併繳回即可。

注意事項

❶ 粉皮接觸空氣易乾，會造成龜裂，因此必須隨時以鋼盆覆蓋住。
❷ 待水滾後，才可將湯圓放入鍋中煮熟，如果水未煮滾就放入，湯圓易黏於鍋底。
❸ 湯圓包餡時，收口處皮不要拉太多上來，以免爆餡。
❹ 考場若未提供飲水機，可自行煮水加熱。

技術士技能檢定中式米食加工丙級術科測試製作報告表

應檢人姓名： ____________　**准考證號碼：** ____________

產品名稱： 湯圓　**製作數量：** 圓糯米粉 500 公克，製作 35 個

原料名稱	百分比（%）	重量（公克）	製作方法與條件
圓糯米粉 溫熱水 沙拉油	100 80 5	500 400 25	計算： 500÷100 ＝ 5 皮：餡＝ 5：2 皮重：925÷35 ＝ 26 餡重：（26÷5）×2 ＝ 10 1. 取攪拌鋼→圓糯米粉、沙拉油、溫熱水→拌勻成糰→取出→鬆弛 30 分鐘。 2. 豆沙餡分割 10 公克 / 個→搓圓。 3. 粉糰分割 26 公克 / 個→搓圓→包餡→整形。 4. 取水鍋→煮滾→ 10 顆湯圓→煮熟→撈起→盛裝，並與未煮之湯圓一併繳回。 製成率 ＝ 產品總重 / 原料總重 ×100% ＝ 410 / 360× 100% ＝ 114% ＊因應檢資料並無規定以熟湯圓或生湯圓來計算製成率，故本書以 10 顆熟重 ÷10 顆生重做計算。 （本書皆以最小量為範例，且產品總重依各考生實際操作為準）
內餡： 含油烏豆沙	100	350	
合計	185	925	

應檢人簽註出場時間與簽名：

MEMO
重點記下來！

可記下這道題目操作過程中容易出錯的地方，考前詳加複習。

試題名稱 一般漿糰型－麻糬

試題說明

1. 以糯米粉為主原料，先製成熟漿糰，再經適當攪拌後，包餡整型成圓形之成品。
2 可使用攪拌機等機械製作。

製作數量

1. 以糯米粉 300 公克製作麻糬 16 個（每個重約 50 公克，皮：餡＝3：2）。
2. 以糯米粉 330 公克製作麻糬 18 個（每個重約 50 公克，皮：餡＝3：2）。
3. 以糯米粉 360 公克製作麻糬 20 個（每個重約 50 公克，皮：餡＝3：2）。

計算 / 配方表

原料名稱	% ＼ 係數	300 g	330g	360g
		300÷100 = 3	330÷100 = 3.3	360÷100 = 3.6
圓糯米粉	100	300	330	360
麥芽糖	5	15	17	18
砂糖	6	18	20	22
沙拉油	6	18	20	22
水	70	210	231	252
合計	187	561	618	674
含油烏豆沙	100	320	360	400
熟太白粉	100	50	50	50

◆**備註： 凡有下列任一小項者，其成品品質總分以「0」分計。**
1. 產品重量或數量太多或不足規定。
2. 產品外型式樣有 30% 以上不完整（露餡）。
3. 產品無法成型。

糰糬檢定場地設備表—專業設備

編號	名稱	設備規格	單位	數量	備註
1	容器	耐熱 100°C 以上，外緣長 20 公分，寬 15 公分，附蓋	個	2	可用附蓋紙盒代替

糰糬檢定材料表（應檢人需依本表材料及數量自由選用制訂配方）

編號	名稱	材料規格	單位	數量	備註
1	糯米粉	市售品，須為 100%圓糯米粉，無添加其他澱粉類	公克	400	建議用水磨乾粉
2	糖	細砂或特砂	公克	200	
3	麥芽糖	84±2°Brix	公克	100	
4	油	沙拉油	公克	50	
5	含油烏豆沙		公克	500	
6	澱粉	熟太白粉	公克	100	防黏用

製作流程

1 取攪拌缸，放入圓糯米粉、麥芽糖、砂糖、沙拉油、配方水，攪拌成糰後取出。

2 放入蒸籠鍋中，以中大火蒸 20 分鐘，取出，待微涼。

3 將熟漿糰放入攪拌機中，拌至光滑，取出。

4 取豆沙餡分割 20 公克／個，搓圓。

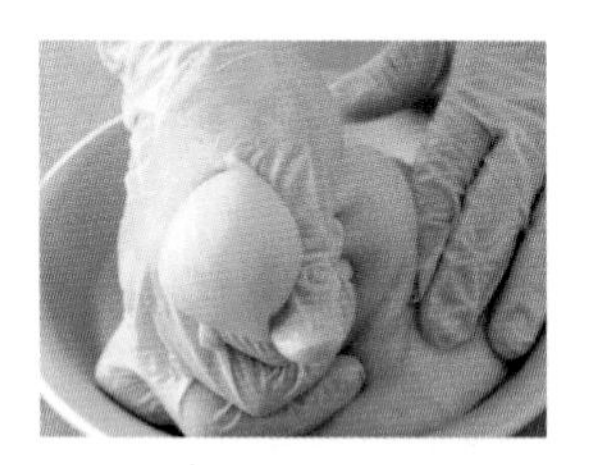

5 取熟漿糰，以虎口擠出 30 公克／個。

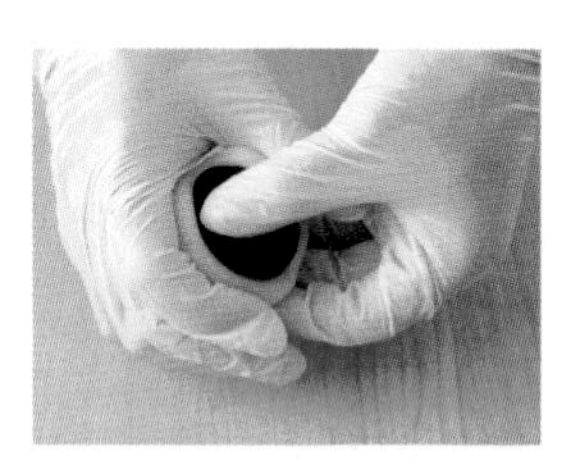

6 取熟漿糰壓扁，包入豆沙餡。

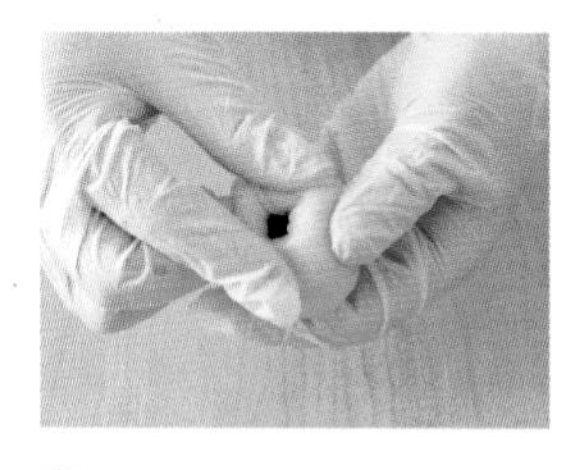

7 以虎口捏緊收口處。

8 手捏收口處，以順時針畫圈方式沾熟太白粉。

9 以紙盒盛裝即可。

注意事項

❶ 以虎口擠出之皮做法較光滑，且戴手套不黏手，也符合衛生。

❷ 可先秤量一個皮的大約重量，再以虎口取出相同分量，等全部擠出後，再檢視是否達到規定克數，若沒有再補足即可。

❸ 分割好的糰糬皮可置於塑膠袋上，比較不會黏在桌面或盤子上。

❹ 熟太白粉只是沾裹糰糬的外皮，不需全部用完，多餘的粉再放回考場回收處即可。

技術士技能檢定中式米食加工丙級術科測試製作報告表

應檢人姓名： ______ **准考證號碼：** ______

產品名稱： 麻糬 **製作數量：** 以糯米粉 300 公克，製作麻糬 16 個

原料名稱	百分比（%）	重量（公克）	製作方法與條件
圓糯米粉 麥芽糖 砂糖 沙拉油 水	100 5 6 6 70	300 15 18 18 210	計算： 300÷100 ＝ 3 每顆約重 50 克，皮：餡＝ 3：2 皮重：50×3/5 ＝ 30 餡重：50×2/5 ＝ 20 1. 取攪拌缸→圓糯米粉、麥芽糖、糖、沙拉油、配方水→拌匀成糰→取出→中大火蒸 20 分→回攪拌鋼→拌匀至光滑→取出。 2. 豆沙餡分割 20 公克 / 個→搓圓。 3. 取熟粉糰→虎口擠出 30 公克 / 個→置塑膠袋上→包餡→盛裝。
內餡： 含油烏豆沙	 100	 320	
熟粉： 熟太白粉	 100	 50	製成率 ＝ 產品總重 / 原料總重 ×100% ＝ 840 / 926×100% ＝ 91% ＊原料總重需再加上內餡、熟粉重量 （本書皆以最小量為範例，且產品總重依各考生實際操作為準）
合計	187	561	

應檢人簽註出場時間與簽名：

MEMO
重點記下來！

可記下這道題目操作過程中容易出錯的地方，考前詳加複習。

試題名稱

一般漿糰型－甜年糕

試題說明

1. 以糯米粉為主原料，製成粉漿，倒入模內，經蒸熟之成品。
2. 可使用攪拌機等機械製作。

製作數量

1. 以糯米粉 450 公克製作甜年糕 3 個。
2. 以糯米粉 500 公克製作甜年糕 3 個。
3. 以糯米粉 600 公克製作甜年糕 4 個。

計算 / 配方表

原料名稱	% ＼ 係數	450g	500g	600g
		450÷100 = 4.5	500÷100 = 5	600÷100 = 6
圓糯米粉	100	450	500	600
二砂糖	80	360	400	480
沙拉油	8	36	40	48
水	80	360	400	480
合計	268	1206	1340	1608

◆備註： 凡有下列任一小項者，其成品品質總分以「0」分計。

1. 產品重量或數量太多或不足規定。
2. 產品無法成型（組織潰爛）。
3. 產品水漬嚴重。
4. 產品未熟。

甜年糕檢定場地設備表—專業設備

編號	名稱	設備規格	單位	數量	備註
1	模型	鋁或不鏽鋼直徑 13 公分（5 吋），高 4 公分	個	5	可用同規格鋁箔盒替代品

甜年糕檢定材料表（應檢人需依本表材料及數量自由選用制訂配方）

編號	名稱	材料規格	單位	數量	備註
1	糯米粉	市售品，須為 100%圓糯米粉，無添加其他澱粉類	公克	650	建議用水磨乾粉
2	糖	細砂或二砂	公克	650	
3	油	液體油（沙拉油）	公克	100	
4	粳米粉	市售品（蓬來米粉），須為 100%蓬來米粉，無添加其他澱粉類	公克	200	

製作流程

1 取模型，以餐巾紙塗抹少許沙拉油。

2 取鋼盆，加入配方水、二砂糖煮至糖溶解。

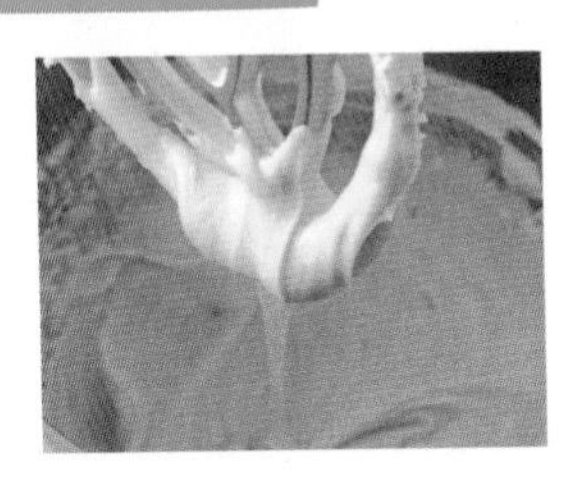

3 取攪拌缸，倒入糯米粉和糖水，攪拌均勻。

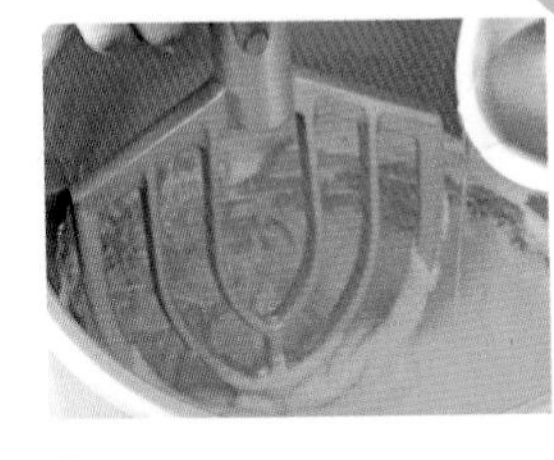

4 拌入沙拉油成米漿。

5 將米漿平均倒入模型，放入蒸籠鍋中，以中大火蒸 1 小時，取出即可。

注意事項 可使用竹籤插入中心檢視甜年糕是否熟透。

技術士技能檢定中式米食加工丙級術科測試製作報告表

應檢人姓名： ____________　**准考證號碼：** ____________

產品名稱： 甜年糕　**製作數量：** 以糯米粉 450 公克，製作 3 個

原料名稱	百分比（%）	重量（公克）	製作方法與條件
圓糯米粉 二砂糖 沙拉油 水	100 80 8 80	450 360 36 360	計算： 450÷100 ＝ 4.5 1. 取模型→抹油。 2. 取鋼盆→配方水、糖→煮至糖溶解。 3. 取攪拌缸→糯米粉、糖水→拌勻→沙拉油→拌勻→分裝於模型中→中大火蒸 1 小時至熟→取出。 製成率 ＝ 產品總重 / 原料總重 ×100% ＝ 1134 / 1206×100% ＝ 94% （本書皆以最小量為範例，且產品總重依各考生實際操作為準）
合計	268	1206	

應檢人簽註出場時間與簽名：

MEMO
重點記下來！

可記下這道題目操作過程中容易出錯的地方，考前詳加複習。

試題名稱

熟粉類－鳳片糕

試題說明

1 以鳳片粉（烘炒熟的圓糯米粉）為主原料，加糖漿調製成的粉糰為皮，經包餡後以模型壓製成型之成品。
2. 可使用攪拌機製作粉糰。

製作數量

1. 以鳳片粉 300 公克，製作鳳片糕 6 個，（皮：餡＝ 3：1）。
2. 以鳳片粉 350 公克，製作鳳片糕 7 個，（皮：餡＝ 3：1）。
3. 以鳳片粉 400 公克，製作鳳片糕 8 個，（皮：餡＝ 3：1）。

計算 / 配方表

原料名稱	係數 %	300g	350g	400g
		300÷100 = 3	350÷100 = 3.5	400÷100 = 4
鳳片粉	100	300	350	400
麥芽糖	20	60	70	80
砂糖	110	330	385	440
香蕉油	0.4	1	1	2
食用紅色素	0.2	1	1	1
水	100	300	350	400
合計	330.6	992	1157	1323
含油烏豆沙	100	324	378	432

◆備註： 凡有下列任一小項者，其成品品質總分以「0」分計。

1. 產品重量或數量太多或不足規定。
2. 產品外型式樣有 30%以上不完整（印紋不清）。
3. 產品有砂粒感。

鳳片糕檢定場地設備表—專業設備

編號	名稱	設備規格	單位	數量	備註
1	紅龜印模	木或塑膠製，有龜型之印模	支	1	
2	抗黏紙	長 15 公分，寬 10 公分	張	10	

鳳片糕檢定材料表（應檢人需依本表材料及數量自由選用制訂配方）

編號	名稱	材料規格	單位	數量	備註
1	鳳片粉	烘炒熟的圓糯米粉	公克	450	無添加其他澱粉類
2	糖	細砂	公克	450	
3	麥芽糖	84 ±2°Brix	公克	200	
4	香蕉油	食品級	公克	5	
5	食用紅色素	食用紅色 6 號	公克	5	
6	含油烏豆沙		公克	450	

製作流程

1 取鋼盆，加入砂糖、麥芽糖、配方水煮至糖溶解，待涼。

2 放入食用紅色素、香蕉油拌勻。

3 倒入鳳片粉中，拌揉均勻。

4 以鋼盆倒蓋鬆弛 30 分鐘。

5 取豆沙餡分割成 54 克／個，搓圓。

6 取粉皮分割 162 克／個，搓圓。

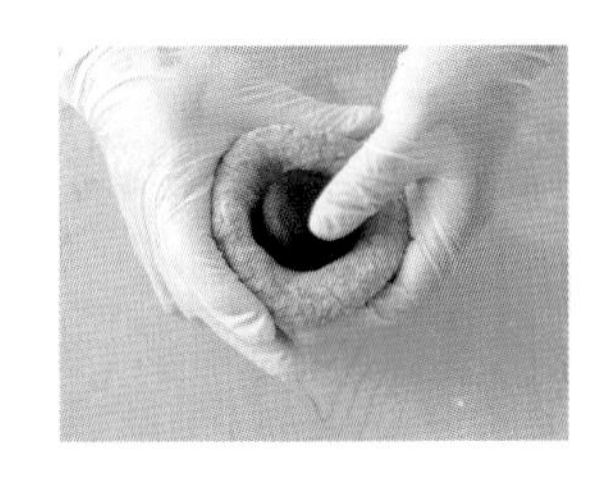

7 粉皮壓扁，包入豆沙餡。

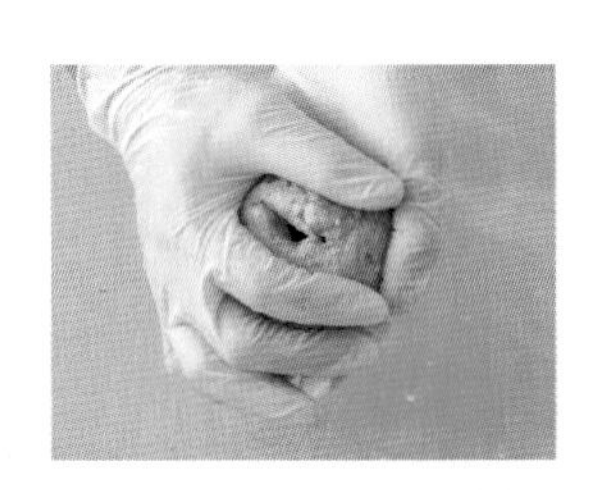

8 以虎口捏緊收口處。

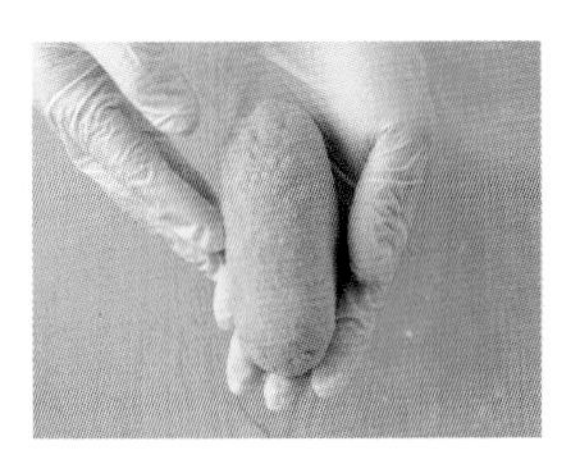

9 微整形呈橢圓形。

10 取模型，以手拍一點熟粉在模型中。

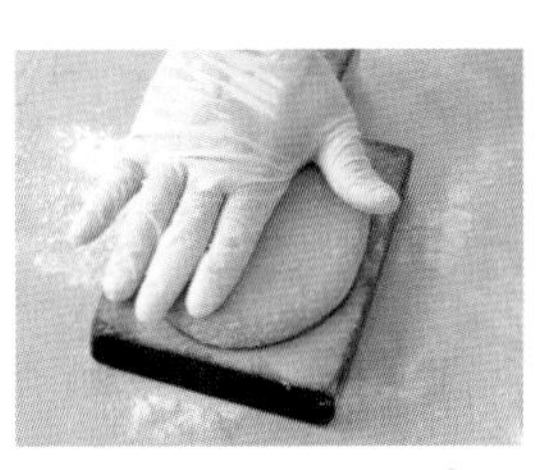

11 取鳳片糕壓入模，呈收口處朝上。

12 將模朝左、右微敲，再向下敲，另一手承接，取出置於抗黏紙上。

13 以毛刷刷掉多餘的粉即可。

注意事項

❶ 包餡時，收口處皮不要拉太多上來，剛好即可，以免正面壓入模型時，會脫模露餡。

❷ 如果粉皮太黏，可撒熟粉，但要適度撒，以免過乾造成乾裂。

❸ 粉皮接觸空氣易乾，容易造成龜裂，所以必須隨時以鋼盆覆蓋住。

❹ 鳳片糕的皮，會因操作者手法不同，而使損耗不一樣，皮餡比例須依規定 3：1，在拿取烏豆沙餡時，需先秤量、計算。

技術士技能檢定中式米食加工丙級術科測試製作報告表

應檢人姓名： ＿＿＿＿＿＿　**准考證號碼：** ＿＿＿＿＿＿

產品名稱： 鳳片糕　**製作數量：** 以鳳片粉 300 公克，製作 6 個

原料名稱	百分比 (%)	重量（公克）	製作方法與條件
鳳片粉 麥芽糖 砂糖 香蕉油 紅色色素 水	100 20 110 0.4 0.2 100	300 60 330 1 1 300	計算： 300÷100 ＝ 3 皮：餡＝ 3：1 皮重：972÷6 ＝ 162 餡重：162÷3 ＝ 54 1. 取鋼盆→糖、麥芽糖、配方水→煮至糖溶解→待涼→食用紅色素、香蕉油→拌勻→倒入鳳片粉中→拌揉均勻→鬆弛 30 分鐘。 2. 豆沙餡分割 54 克 / 個→搓圓。 3. 粉皮分割 162 克 / 個→搓圓→包餡→整微橢圓形→壓入模→輕敲→取出→置於抗黏紙上→刷掉多餘熟粉。
內餡： 含油烏豆沙	100	324	製成率＝ 產品總重 / 原料總重 ×100% ＝ 1302 / 1316×100% ＝ 99% ＊原料總重需再加上內餡重量 （本書皆以最小量為範例，且產品總重依各考生實際操作為準）
合計	330.6	992	

應檢人簽註出場時間與簽名：

MEMO
重點記下來！

可記下這道題目操作過程中容易出錯的地方，考前詳加複習。

試題名稱 熟粉類－糕仔崙

試題說明

1. 以烘炒熟的圓糯米粉或蓬來米粉為主原料，加糕仔糖與綠豆粉等調味料拌勻、過篩後，經成型蒸熟之成品。
2. 可使用攪拌機製作。

製作數量

1. 以總熟粉量（含綠豆粉）500 公克，製作糕仔崙 8 個。
2. 以總熟粉量（含綠豆粉）550 公克，製作糕仔崙 9 個。
3. 以總熟粉量（含綠豆粉）600 公克，製作糕仔崙 10 個。

計算 / 配方表

	原料名稱	係數 / %	500g	550g	600g
			500÷（35＋35＋30）＝5	550÷（35＋35＋30）＝5.5	600÷（35＋35＋30）＝6
總熟粉量	熟圓糯米粉	35	175	193	210
	熟蓬萊米粉	35	175	193	210
	綠豆粉	30	150	165	180
	糕仔糖	95	475	523	570
	合計	195	975	1074	1170

◆**備註： 凡有下列任一小項者，其成品品質總分以「0」分計。**

1. 產品重量或數量太多或不足規定。
2. 產品外型式樣有 30%以上不完整（崩潰不成型、嚴重收縮）。
3. 產品水漬嚴重。

糕仔崙檢定場地設備表—專業設備

編號	名稱	設備規格	單位	數量	備註
1	蒸盤	圓型，底有孔，高 2 公分，直徑 10.5 公分	個	12	糕仔崙專用

糕仔崙檢定材料表（應檢人需依本表材料及數量自由選用制訂配方）

編號	名稱	材料規格	單位	數量	備註
1	熟圓糯米粉	熟的圓糯米粉	公克	500	無添加其他澱粉類
2	熟蓬萊米粉	熟的蓬來米粉	公克	500	無添加其他澱粉類
3	糕仔糖	發酵過的糖粉	公克	800	可自備使用
4	鹽	精製	公克	10	
5	液體油	豬油或沙拉油	公克	20	
6	綠豆粉	烘炒熟的綠豆粉	公克	200	
7	墊紙	10.5 公分圓形白紙	張	15	配合蒸盤直徑，可自備

製作流程

1 取鋼盆，加入熟圓糯米粉、熟蓬萊米粉和綠豆粉，再倒入糕仔糖。

2 攪拌均勻。

3 過篩。

4 取模型，放入墊紙，倒入糕粉。

5 以刮板抹平，並且壓緊實。

6 放入蒸籠鍋，以小火蒸 20 分鐘，待涼。

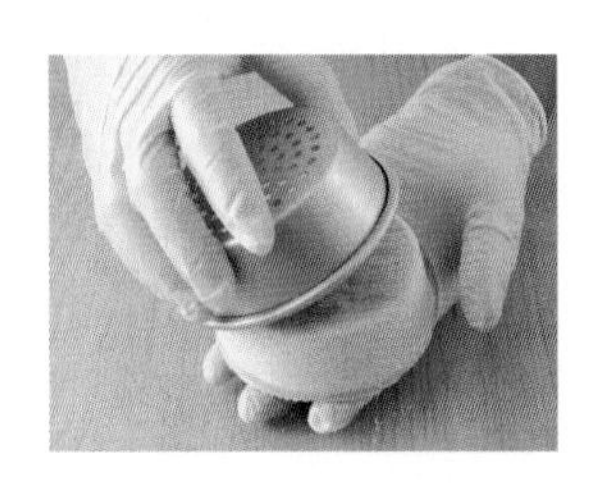

7 倒扣，以手承接即可。

注意事項

❶ 糕仔糖可自備入考場，但考場也有提供。

❷ 產品可蓋上白報紙入蒸，成品外觀會更好看。

❸ 下方提供糕仔糖配方、製作方法，練習時，再依配方量取用：

配 方

原料名稱	500g	550g	600g
麥芽糖	66	73	80
糖粉	400	440	480
食鹽	3	4	4
沙拉油	4	4	4
水	63	69	76
合計	536	590	644

做 法

1 取鋼盆，倒入所有原料。

2 攪拌均勻即可。

技術士技能檢定中式米食加工丙級術科測試製作報告表

應檢人姓名：　　　　　　　　**准考證號碼：**

產品名稱： 糕仔崙　　**製作數量：** 總熟粉量（含綠豆粉）500 公克，製作 8 個

原料名稱	百分比（%）	重量（公克）	製作方法與條件
熟圓糯米粉 熟蓬萊米粉 綠豆粉 糕仔糖	35 35 30 95	175 175 150 475	計算： 500÷（35 ＋ 35 ＋ 30）＝ 5 1. 取鋼盆→熟圓糯米粉、熟蓬萊米粉、綠豆粉、糕仔糖→拌勻→過篩。 2. 取模型→鋪墊紙→糕粉→抹平→壓緊→小火蒸 20 分鐘→待涼→扣出。 製成率 ＝ 產品總重 / 原料總重 ×100% ＝ 950 / 975×100% ＝ 97% （本書皆以最小量為範例，且產品總重依各考生實際操作為準）
合計	195	975	

應檢人簽註出場時間與簽名：

MEMO 重點記下來！

可記下這道題目操作過程中容易出錯的地方，考前詳加複習。

試題名稱

熟粉類－雪片糕

試題說明

1. 以熟的圓糯米粉或蓬來米粉為主原料，加糖、油等拌匀、過篩後，經裝模成型蒸熟後，再切成薄片之成品。
2. 可使用攪拌機製作。

製作數量

1. 以總熟粉量 450 公克，製作雪片糕一盤（切成四條），並取出一條切成薄片評分。
2. 以總熟粉量 480 公克，製作雪片糕一盤（切成四條），並取出一條切成薄片評分。
3. 以總熟粉量 500 公克，製作雪片糕一盤（切成四條），並取出一條切成薄片評分。

計算／配方表

原料名稱	係數 / %	450g	480g	500g
		450÷100 = 4.5	480÷100 = 4.8	500÷100 = 5
熟圓糯米粉	100	450	480	500
轉化糖漿	30	135	144	150
糖粉	80	360	384	400
豬油	20	90	96	100
熟黑芝麻	5	23	24	25
合計	235	1058	1128	1175

◆備註： 凡有下列任一小項者，其成品品質總分以「0」分計。

1. 產品重量或數量太多或不足規定。
2. 產品外型式樣有 30％ 以上不完整（潰散無法成型）。
3. 產品無法切成薄片。

雪片糕檢定場地設備表—專業設備

編號	名稱	設備規格	單位	數量	備註
1	蒸盤	不鏽鋼，長 25 公分，寬 20 公分，高 5 公分	個	1	
2	容器	耐熱 100°C 以上，外緣長 20 公分，寬 15 公分，附蓋	個	3	可用有蓋紙盒代替

雪片糕檢定材料表（應檢人需依本表材料及數量自由選用制訂配方）

編號	名稱	材料規格	單位	數量	備註
1	熟圓糯米粉	熟的圓糯米粉	公克	500	無添加其他澱粉類
2	熟蓬萊米粉	熟的蓬來米粉	公克	300	無添加其他澱粉類
3	轉化糖漿	淺色轉化糖漿	公克	200	可自備糕仔糖使用
4	糖粉	市售品	公克	500	
5	液體油	豬油或沙拉油	公克	120	
6	熟黑芝麻	炒或烤熟	公克	30	

製作流程

1 取白報紙剪裁，放入模型中。

2 取鋼盆，加入熟圓糯米粉、轉化糖漿、糖粉和豬油，拌揉均勻。

3 過篩。

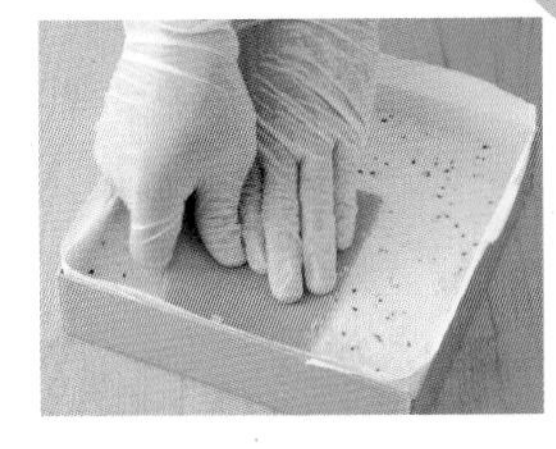

4 拌入黑芝麻，壓入模型中，以刮板壓緊實。

5 放入蒸籠鍋中，以微火蒸 50 分鐘。

6 取出，待涼後，分切成四等分。

7 取其中 1 條以小火回蒸 3 分鐘，待涼，切 0.5 公分片狀。

8 以紙盒盛裝，剩餘 3 條雪片糕一併繳回即可。

注意事項

❶ 火太大的話，表面會形成黏皮，容易導致切割困難、破碎。
❷ 蒸完後要小心取出，以免破裂。
❸ 基本上考場會提供白報紙以供使用。
❹ 四個邊角確實壓緊，減少脫模後碎裂之機會。

技術士技能檢定中式米食加工丙級術科測試製作報告表

應檢人姓名： ＿＿＿＿　**准考證號碼：** ＿＿＿＿

產品名稱： 雪片糕　**製作數量：** 以總熟粉量450公克，製作1盤（切成4條）

原料名稱	百分比（%）	重量（公克）	製作方法與條件
熟圓糯米粉 轉化糖漿 糖粉 豬油 熟黑芝麻	100 30 80 20 5	450 135 360 90 23	計算： 450÷100 ＝ 4.5 1. 取白報紙剪裁→入模。 2. 取鋼盆→熟圓糯米粉、轉化糖漿、糖粉和豬油→拌勻→過篩→黑芝麻→拌勻→入模→壓緊→微火50分→取出→待涼→分切四等分→取其中1條微火回蒸3分鐘→待涼→切片→盛裝，並與3條雪片糕一併繳回。 製成率 ＝ 產品總重／原料總重 ×100% ＝ 888 / 1058×100% ＝ 84% （本書皆以最小量為範例，且產品總重依各考生實際操作為準）
合計	235	1058	

應檢人簽註出場時間與簽名：

MEMO
重點記下來！
可記下這道題目操作過程中容易出錯的地方，考前詳加複習。

試題名稱

熟粉類－豬油糕

試題說明

1. 以熟的圓糯米粉為主原料，加糖、油等材料拌勻、過篩後，經壓模成型蒸熟後之成品。
2. 可使用攪拌機製作。

製作數量

1. 以熟的糯米粉 200 公克，製作豬油糕 20 個（每個重量約 30 公克）。
2. 以熟的糯米粉 250 公克，製作豬油糕 25 個（每個重量約 30 公克）。
3. 以熟的糯米粉 280 公克，製作豬油糕 28 個（每個重量約 30 公克）。

計算 / 配方表

原料名稱	係數 %	200g	250g	280g
		200÷100 ＝ 2	250÷100 ＝ 2.5	280÷100 ＝ 2.8
熟糯米粉	100	200	250	280
糖粉	90	180	225	252
豬油	60	120	150	168
細花生粉	60	120	150	168
合計	310	620	775	868

◆備註：凡有下列任一小項者，其成品品質總分以「0」分計。

1. 產品重量或數量太多或不足規定。
2. 產品外型式樣有 30%以上不完整（潰散無法成型、印紋不清）。

豬油糕檢定場地設備表—專業設備

編號	名稱	設備規格	單位	數量	備註
1	豬油糕印模	木製印模	支	1	可用單印模代替
2	容器	耐熱 100°C 以上，外緣長 20 公分，寬 15 公分，附蓋	個	4	可用有蓋紙盒代替

豬油糕檢定材料表（應檢人需依本表材料及數量自由選用制訂配方）

編號	名稱	材料規格	單位	數量	備註
1	糯米粉	市售熟糯米粉（鳳片粉）	公克	350	無添加其他澱粉類
2	精製豬油	市售品	公克	200	
3	細花生粉	市售品	公克	200	
4	糖粉	市售品	公克	400	
5	蓬萊米粉	市售品熟蓬來米粉（糕仔粉）	公克	100	無添加其他澱粉類

製作流程

1 取鋼盆，加入所有材料拌勻。

2 過篩。

3 接著裝入模型約 30 公克／個，壓緊實。

4 將木模表面多餘的粉刮除。

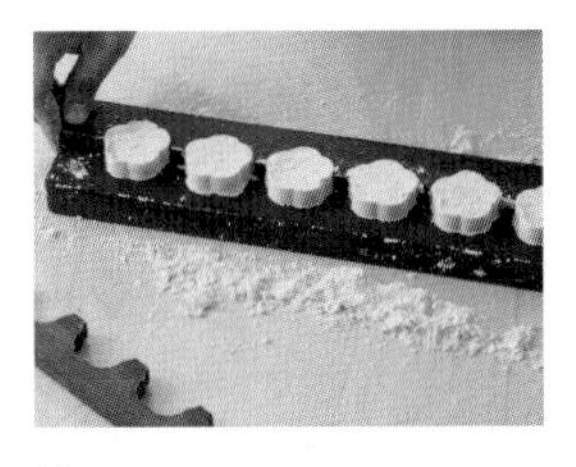

5 先輕取出其中一塊木片，再取另一塊。

6 放入蒸籠鍋中，以小火蒸 5 分鐘。

7 取出，以紙盒盛裝即可。

注意事項 入模時需壓緊實，才不會使成品鬆垮或是紋路不清楚。

技術士技能檢定中式米食加工丙級術科測試製作報告表

應檢人姓名： ＿＿＿＿＿＿ **准考證號碼：** ＿＿＿＿＿＿

產品名稱： 豬油糕 **製作數量：** 以熟糯米粉 200 公克，製作 20 個

原料名稱	百分比（%）	重量（公克）	製作方法與條件
熟糯米粉 糖粉 豬油 細花生粉	100 90 60 60	200 180 120 120	計算： 200÷100 ＝ 2 1. 取鋼盆→所有材料拌勻→過篩→入模約 30 克 / 個→壓緊→脫模→小火蒸 5 分鐘→取出→盛裝。 製成率 ＝ 產品總重 / 原料總重 ×100% ＝ 546 / 620×100% ＝ 88% （本書皆以最小量為範例，且產品總重依各考生實際操作為準）
合計	310	620	

應檢人簽註出場時間與簽名：

MEMO
重點記下來！

可記下這道題目操作過程中容易出錯的地方，考前詳加複習。

試題名稱

熟粉類－冰皮月餅

試題說明

1. 以熟糕粉為原料，加入調配料等製成糕糰，經包餡後壓模成型之成品。
2. 可使用攪拌機。

製作數量

1. 以 200 公克糕仔粉製作每個重 90 ～ 95 公克（皮：餡＝ 1：2）冰皮月餅 20 個，剩下的糕糰需繳回評分。
2. 以 220 公克糕仔粉製作每個重 90 ～ 95 公克（皮：餡＝ 1：2）冰皮月餅 20 個，剩下的糕糰需繳回評分。
3. 以 240 公克糕仔粉製作每個重 90 ～ 95 公克（皮：餡＝ 1：2）冰皮月餅 20 個，剩下的糕糰需繳回評分。

計算 / 配方表

原料名稱	係數 / %	200g	220g	240g
		200÷100 ＝ 2	220÷100 ＝ 2.2	240÷100 ＝ 2.4
糕仔粉	100	200	220	240
糖粉	125	250	275	300
斑蘭	1	2	2	2
奶油	30	60	66	72
冷開水	160	320	352	384
合計	416	832	915	998
含油烏豆沙	100	1200	1200	1200

◆備註：凡有下列任一小項者，其成品品質總分以「0」分計。

1. 產品重量或數量太多或不足規定。
2. 產品外型式樣有 30%以上不完整。

冰皮月餅檢定場地設備表—專業設備

編號	名稱	設備規格	單位	數量	備註
1	月餅模	經表面塗覆處理之木或鋁製，容積 2.5 兩。	支	1	
2	手套	乳膠製	雙	1	可自備

冰皮月餅檢定材料表（應檢人需依本表材料及數量自由選用制訂配方）

編號	名稱	材料規格	單位	數量	備註
1	糕仔粉	烘炒熟之圓糯米粉或粳米粉	公克	400	含防黏粉
2	糖粉	市售	公克	300	
3	油脂	奶油或雪白油	公克	150	
4	香料	香蘭（斑蘭、翠露）	公克	10	
5	含油烏豆沙		公克	1300	

製作流程

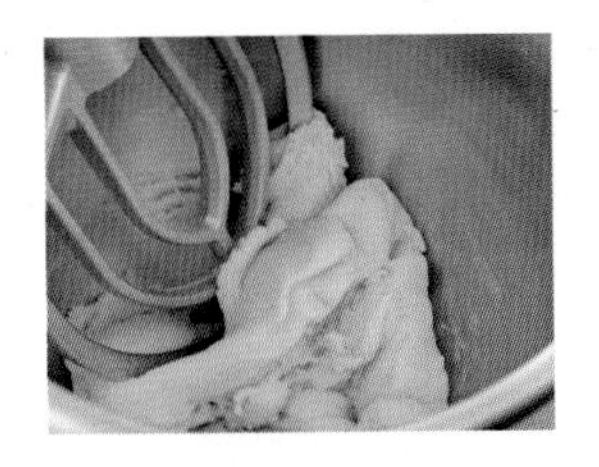

1 取攪拌缸，放入糕仔粉、糖粉、斑蘭、奶油和冷開水，攪拌至光滑後取出。

2 以鋼盆倒蓋鬆弛 30 分鐘。

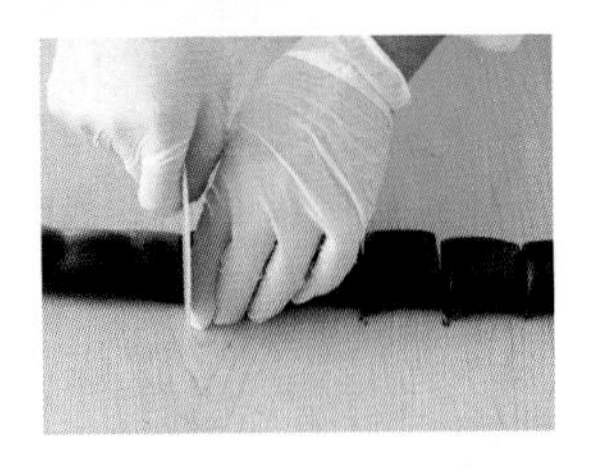

3 取豆沙餡分割 60 公克／個，搓圓。

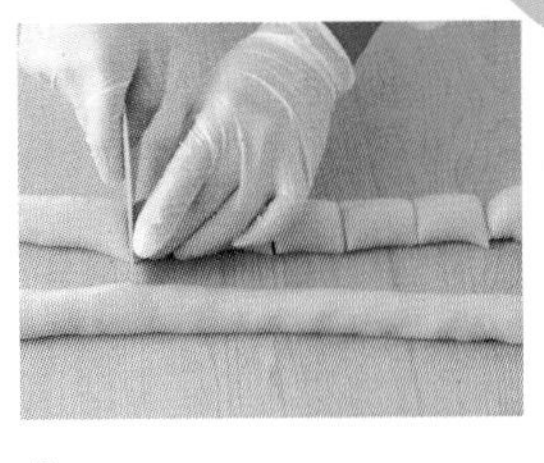

4 將熟粉皮搓長，分割 30 公克／個。

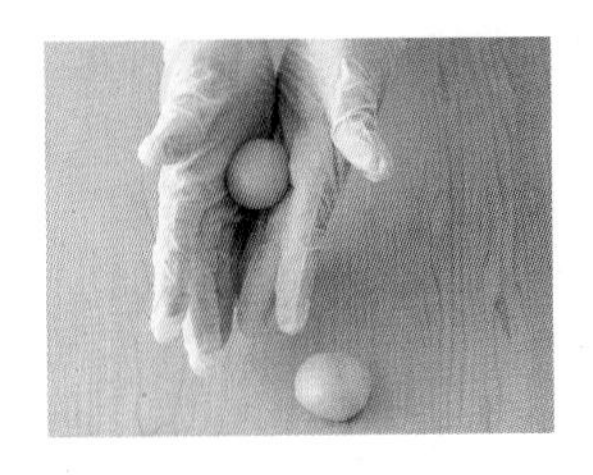

5 取粉皮搓圓。

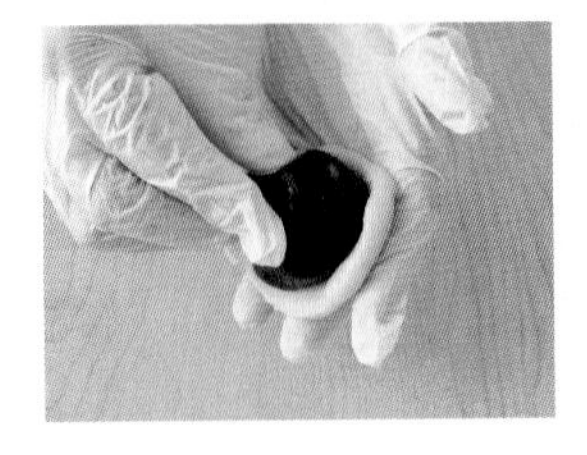

6 熟粉皮壓扁，包入豆沙餡。

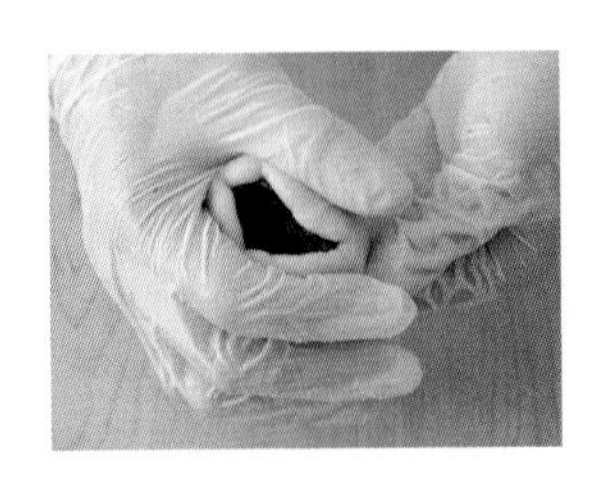

7 以虎口捏緊收口處。

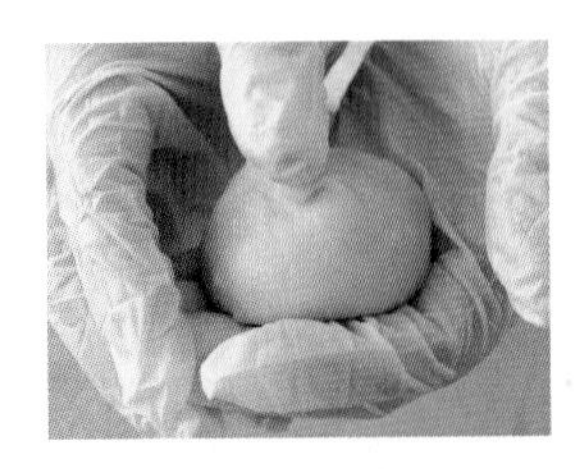

8 收口處多餘的皮，往旁邊輕輕摺壓。

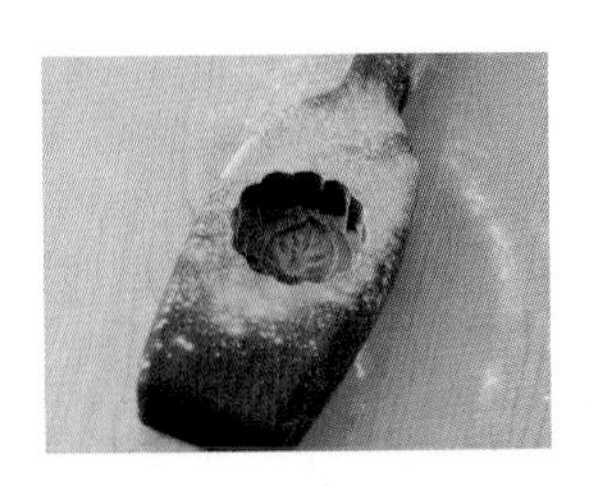

9 取月餅模，以手拍一點熟粉在模型中。

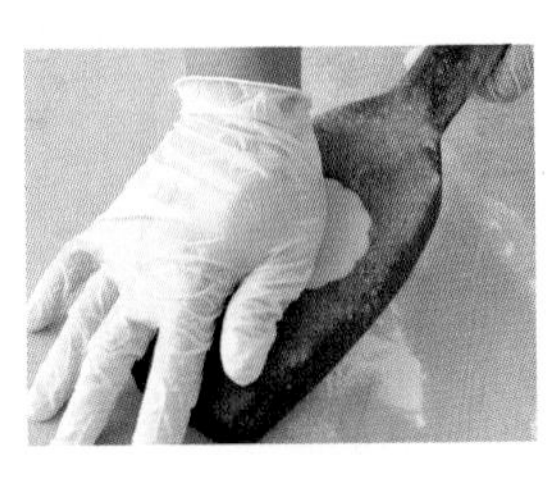

10 取冰皮月餅，壓入月餅模，呈收口處朝上，以手壓緊實。

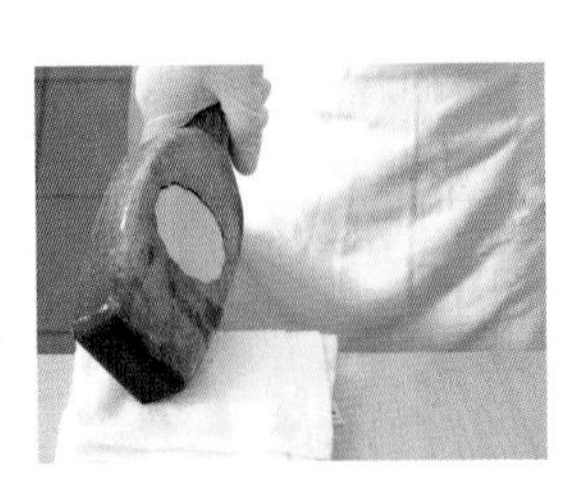

11 將月餅模朝左、右微敲。

12 靠桌邊向下敲，另一手承接取出。

13 以毛刷刷掉多餘的粉。

14 以紙盒盛裝，剩餘的糕糰一起繳回即可。

注意事項

❶ 包餡時，收口處皮不要拉太多上來，剛好即可，以免正面壓入模型時，脱模會露餡。

❷ 全程需以衛生手法操作。如果粉皮太黏，可撒熟粉，但要適度，以免過乾造成乾裂。

技術士技能檢定中式米食加工丙級術科測試製作報告表

應檢人姓名： ＿＿＿＿＿＿＿＿ **准考證號碼：** ＿＿＿＿＿＿＿＿

產品名稱： 冰皮月餅 **製作數量：** 以糕仔粉 200 公克，製作 20 個

原料名稱	百分比（%）	重量（公克）	製作方法與條件
糕仔粉 糖粉 斑蘭 奶油 冷開水	100 125 1 30 160	200 250 2 60 320	計算： 200÷100 ＝ 2 每顆約重 90 克，皮：餡＝ 1：2 皮重：90×1/3 ＝ 30 餡重：90×2/3 ＝ 60 1. 取攪拌缸→糕仔粉、糖粉、香料和冷開水→拌勻至光滑→鬆弛 30 分鐘。 2. 豆沙餡分割 60 公克 / 個→搓圓。 3. 熟粉皮分割 30 公克 / 個→包餡，共 20 顆→壓入模→輕敲→取出→刷掉多餘的熟粉→盛裝，並與剩餘糕糰一併繳回。
內餡： 含油烏豆沙	100	1200	製成率＝ 產品總重 / 原料總重 ×100% ＝ 1931 / 2032×100% ＝ 95% *原料總重需再加上內餡重量 （本書皆以最小量為範例，且產品總重依各考生實際操作為準）
合計	416	832	

應檢人簽註出場時間與簽名：

MEMO
重點記下來！

可記下這道題目操作過程中容易出錯的地方，考前詳加複習。

一般膨發類－米花糖

試題名稱

試題說明

1. 以圓糯米或粳米（蓬來米）製成之米乾為主原料，經油炸成米花，再與適當濃度的糖漿及配料混勻，壓緊切塊之產品。
2. 油炸時可選用油炸機或其他油炸設備。

製作數量

1. 以米乾 550 公克，製作米花糖 1 盤（切成 8×5 公分之小塊）。
2. 以米乾 580 公克，製作米花糖 1 盤（切成 8×5 公分之小塊）。
3. 以米乾 600 公克，製作米花糖 1 盤（切成 8×5 公分之小塊）。

計算 / 配方表

原料名稱	係數 / %	550g	580g	600g
		550÷100 = 5.5	580÷100 = 5.8	600÷100 = 6
米乾	100	550	580	600
油蔥酥	5	28	29	30
砂糖	70	385	406	420
麥芽糖	30	165	174	180
鹽	1	6	6	6
沙拉油	6	33	35	36
水	30	165	174	180
合計	242	1332	1404	1452
油炸油	100	2000	2000	2000

◆**備註：凡有下列任一小項者，其成品品質總分以「0」分計。**

1. 產品重量或數量太多或不足規定。
2. 產品無法成型。
3. 產品米粒未膨發。
4. 產品糖漿不均。

米花糖檢定場地設備表—專業設備

編號	名稱	設備規格	單位	數量	備註
1	油炸機	以瓦斯或電熱為熱源	台	1	選用
2	油炸網篩	不鏽鋼，細網孔，附把手	支	1	
3	拌鍋	直徑 50 ～ 60 公分（含鍋鏟）	個	1	可用攪拌缸代替
4	平盤	長 40 公分，寬 30 公分，高 3 公分	個	1	

米花糖檢定材料表（應檢人需依本表材料及數量自由選用制訂配方）

編號	名稱	材料規格	單位	數量	備註
1	米乾	蒸熟乾燥之圓糯米或蓬來米	公克	650	
2	白砂糖		公克	500	
3	麥芽糖	84±2°Brix	公克	300	
4	鹽	精製	公克	20	
5	液體油	豬油或沙拉油	公克	80	
6	油蔥酥	市售品，油炸	公克	80	
7	油炸油	市售品，油炸專用油	公克	3000	共用

製作流程

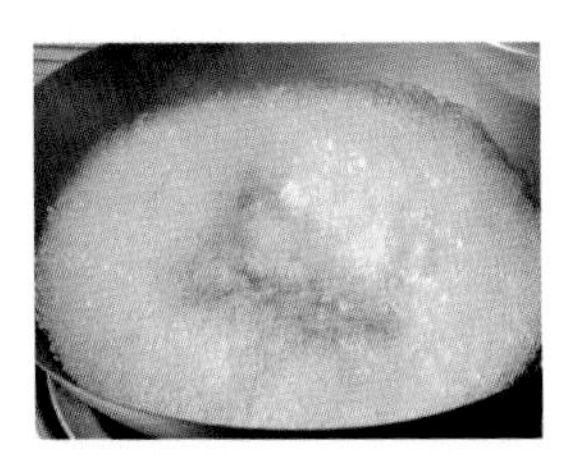

1 取油鍋，將油加熱至 200℃，放入米乾。

2 膨發呈米香後，撈起、瀝油。

3 倒入攪拌缸，拌入油蔥酥，備用。

4 取鋼盆，加入水、砂糖、麥芽糖、鹽和沙拉油。

5 煮滾至 130℃，熄火。

6 馬上倒入米香中。

7 以煎鏟拌勻糖漿與米香。

8 趁溫熱未定型時，倒入平盤中。

9 以刮板輔助壓緊實、壓平，待涼定型。

10 分切為每個 8×5 公分的塊狀。

11 以紙盒盛裝即可。

注意事項

❶ 切割時，需以熟食手法操作。
❷ 若煮糖漿的時間不足、溫度未到，會使入模後的米花糖在切割時，潰散不易成形。
❸ 糖漿剛煮好時非常燙，需小心不要碰到。
❹ 整形時，可使用擀麵棍擀壓比較平整。
❺ 炸米乾時，油溫要足夠才會膨發，可預先試 1、2 粒，再下鍋入炸。
❻ 建議分兩次油炸米乾，才不會太多來不及撈。

技術士技能檢定中式米食加工丙級術科測試製作報告表

應檢人姓名： ______________ **准考證號碼：** ______________

產品名稱： 米花糖 **製作數量：** 米乾 550 公克，製作 1 盤

原料名稱	百分比（%）	重量（公克）	製作方法與條件
米乾 油蔥酥 砂糖 麥芽糖 鹽 沙拉油 水	100 5 70 30 1 6 30	550 28 385 165 6 33 165	計算： 550÷100 ＝ 5.5 1. 取油鍋→入炸米乾→撈起→瀝油。 2. 取攪拌缸→米香、油蔥酥→稍拌。 3. 取鋼盆→水、糖、麥芽糖、鹽、沙拉油→煮滾→達 130℃熄火→倒入米香→拌勻糖漿→入模→壓平→待涼→分割 8 ×5 公分塊→盛裝。 製成率 ＝ 產品總重 / 原料總重 ×100% ＝ 1221 / 1332×100% ＝ 92% （本書皆以最小量為範例，且產品總重依各考生實際操作為準）
合計	242	1332	

應檢人簽註出場時間與簽名：

MEMO
重點記下來！

可記下這道題目操作過程中容易出錯的地方，考前詳加複習。

PART 05

學科試題與共通科目試題

一、學科試題

09500 中式米食加工—丙級

工作項目 01：產品分類

1. （1） 傳統製造米粉絲之原料米是？①在來米 ②蓬萊米 ③長糯米 ④圓糯米。
2. （2） 蘿蔔糕是屬於那一類之米食製品？①熟粉類 ②漿（粿）粉類 ③米粒類 ④膨發類。
3. （1） 下列何者為米粒類米食製品？①米糕 ②蘿蔔糕 ③雪片糕 ④米粉絲。
4. （1） 我國目前以何種米食消費量最大？①米粒類 ②漿（粿）粉類 ③熟粉類 ④膨發類。
5. （4） 稻米蒸煮後何種米的黏度最高？①蓬萊米 ②在來米 ③長糯米 ④圓糯米。
6. （2） 一般食用之白米飯是？①在來米 ②蓬萊米 ③長糯米 ④圓糯米。
7. （4） 下列何者不屬於米粒類米食？①油飯 ②糯米腸 ③台式肉粽 ④米苔目。
8. （4） 下列何者為熟粉類米食？①元宵 ②湯圓 ③米粉絲 ④雪片糕。
9. （2） 芋頭糕是屬於那一類米食製品？①米粒類 ②漿（粿）粉類 ③熟粉類 ④膨發類。
10. （2） 傳統米苔目是以何種米製作？①蓬萊米 ②在來米 ③圓糯米 ④長糯米。
11. （2） 下列何者為膨發類米食？①米粉絲 ②米花糖 ③糕仔崙 ④芝麻球。
12. （3） 下列何者不屬於漿（粿）粉類米食？①芋粿巧 ②碗粿 ③鹼粽 ④粿粽。
13. （2） 下列何者為米漿型的米食製品？①八寶飯 ②發粿 ③紅龜粿 ④雪片糕。
14. （3） 下列何者為一般漿糰的米食製品？①油蔥粿 ②鹼粽 ③芋粿巧 ④鳳片糕。
15. （1） 下列何者為飯粒型的米食製品？①糯米腸 ②碗粿 ③海鮮粥 ④麻糬。
16. （3） 下列何者為粥品型的米食製品？①八寶飯 ②米乳 ③八寶粥 ④米苔目。
17. （4） 筒仔糕屬於何類米食製品？①熟粉類 ②米漿型 ③一般漿糰 ④飯粒型。
18. （1） 雪片糕屬於何類米食製品？①熟粉類 ②米漿型 ③一般漿糰 ④飯粒型。
19. （3） 粿粽屬於何類米食製品？①熟粉類 ②米漿型 ③一般漿糰 ④飯粒型。
20. （2） 下列何者不屬於一般漿糰的米食製品？①粿粽 ②碗粿 ③芋粿巧 ④紅龜粿。
21. （2） 下列何者不屬於米漿型的米食製品？①蘿蔔糕 ②雪片糕 ③發粿 ④芋頭糕。
22. （1） 糕仔崙與鳳片糕屬於何類米食製品？①熟粉類 ②米漿型 ③一般漿糰 ④飯粒型。
23. （3） 油蔥粿屬於何種米食製品？①一般漿糰 ②特殊漿糰 ③米漿型 ④熟粉類。
24. （3） 肉粽、粿粽、鹼粽屬於何種米食製品？①均屬米粒類 ②均屬一般漿糰 ③分屬米粒類、一般漿糰 ④分屬米粒類、米漿型。
25. （4） 發粿與米花糖屬於何種米食製品？①均屬一般膨發類 ②均屬特殊膨發類 ③分屬一般漿糰、一般膨發類 ④分屬米漿型、一般膨發類。
26. （2） 雪片糕、糕仔崙屬於何種米食製品？①均屬一般漿糰 ②均屬熟粉類 ③分屬一般漿糰、熟粉類 ④分屬米漿型、熟粉類。
27. （1） 裹蒸粽屬於何種米食製品？①米粒類 ②米漿型 ③熟粉類 ④一般漿糰。

28.（1） 下類何者為膨發類米食？①爆米花 ②鳳片糕 ③發糕 ④雪花糕。

29.（3） 下類何者不屬於米粒類的米食製品？①甜米糕 ②八寶粥 ③米果 ④糯米腸。

30.（4） 年糕屬於何種米食製品？①米粒類 ②米漿型 ③熟粉類 ④一般漿糰。

31.（3） 米苔目與河粉屬於何種米食製品？①均屬一般漿糰 ②分屬米漿型及米粒型 ③分屬一般漿糰及米漿型 ④分屬米漿型及熟粉類。

32.（1） 芋頭糕及發糕屬於？①均屬米漿型 ②均屬熟粉類 ③分屬米漿型及膨發類 ④分屬熟粉類及膨發類。

33.（1） 傳統油飯屬於何種米食製品？①米粒類 ②米漿型 ③熟粉類 ④一般漿糰。

34.（2） 雪片糕及麻糬屬於何種米食製品？①分屬熟粉類及米漿型 ②分屬熟粉類及一般漿糰 ③均屬熟粉類 ④均屬一般漿糰。

35.（1） 海鮮粥屬於何種米食製品？①米粒類 ②米漿型 ③熟粉類 ④一般漿糰。

36.（3） 廣東粥屬於何種米食製品？①熟粉類 ②米漿型 ③粥品型 ④一般漿糰。

37.（4） 紅龜粿屬於何種米食製品？①米粒類 ②米漿型 ③熟粉類 ④一般漿糰。

38.（2） 八寶飯屬於何種米食製品？①熟粉類 ②米粒類 ③粥品型 ④一般漿糰。

39.（2） 湯圓及元宵屬於何種米食製品？①米漿型 ②漿糰型 ③熟粉類 ④米粒類。

40.（1） 碗粿屬於何種米食製品？①米漿型 ②米粒類 ③粥品型 ④一般漿糰。

41.（4） 芝麻球屬於何種米食製品？①米漿型 ②米粒類 ③粥品型 ④一般漿糰。

42.（1） 筒仔米糕及油蔥糕屬於何種米食製品？①分屬米粒類、米漿型 ②分屬米漿型、熟粉類 ③均屬一般漿糰 ④分屬米粒型、熟粉類。

工作項目 02：原料之選用

1. （4） 下列那一個是鹼粽合法之食品添加物？①硼砂 ②石棉 ③吊白塊 ④磷酸鹽。
2. （1） 製作蘿蔔糕須選用下列何種原料米？①在來米 ②蓬萊米 ③長糯米 ④圓糯米。
3. （1） 製作碗粿須選用下列何種原料米？①在來米 ②蓬萊米 ③長糯米 ④圓糯米。
4. （4） 下列何種食品添加物可用於紅龜粿之製作？①己二烯酸 ②苯甲酸鈉 ③硼砂 ④紅色 6 號。
5. （2） 澄粉即是？①稻米澱粉 ②小麥澱粉 ③木（樹）薯澱粉 ④甘薯澱粉。
6. （3） 製作發粿使用之發粉是一種？①調味劑 ②防腐劑 ③膨脹劑 ④乳化劑。
7. （2） 為了防止米食製品之老化，可添加何種食品添加物予以改善？①防腐劑 ②品質改良劑 ③著色劑 ④膨脹劑。
8. （3） 油炸米花糖時，所使用的米原料是？①生圓糯米 ②生蓬萊米 ③蒸熟風乾圓糯米 ④生在來米。
9. （1） 為了使碗粿有好的口感宜採用？①在來米 ②蓬萊米 ③圓糯米 ④長糯米。
10. （4） 油蔥粿之副原料最好使用？①青蔥 ②炸青蔥 ③生紅蔥頭 ④炸香的紅蔥頭。
11. （2） 俗稱的糕仔粉是屬於？①生粉 ②熟粉 ③澱粉 ④水磨粉。
12. （4） 台式肉粽宜選用？①在來米 ②蓬萊米 ③長秈米 ④長糯米。
13. （2） 米食製品之食品添加物，何者合乎使用規定？①工業級 ②食品級 ③試藥級 ④飼料級。
14. （4） 糯米與在來米咀嚼感不同，主要是何種成分之影響？①蛋白質 ②油脂 ③水分 ④澱粉。
15. （3） 最佳米穀粉之磨製方式是？①乾磨 ②濕磨 ③水磨 ④碾磨。
16. （1） 炒飯所需之米原料絕對不能使用？①糯米 ②梗米 ③秈米 ④蓬萊米。
17. （2） 小蘇打屬於？①著色劑 ②膨脹劑 ③調味劑 ④防腐劑。
18. （4） 發粿（發糕）最不可能使用之原料米是？①長秈米 ②在來米 ③蓬萊米 ④圓糯米。
19. （2） 鳳片糕所使用之鳳片粉，是用何種米製成？①長糯米 ②圓糯米 ③在來米 ④蓬萊米。
20. （2） 目前製作米粉絲最常使用何種在來米？①台中秈 10 號 ②台中在來 1 號 ③台農秈 14 號 ④台南秈 15 號。
21. （2） 米食加工用的磷酸鹽類是？①防腐劑 ②品質改良劑 ③黏稠劑 ④調味劑。
22. （2） 下列米飯的營養價值高低順序何者是對的？①白米＞胚芽米＞糙米 ②糙米＞胚芽米＞白米 ③胚芽米＞糙米＝白米 ④糙米＝胚芽米＝白米。
23. （3） 製作米食所用糖中，那一種糖甜度最高？①砂糖 ②麥芽糖 ③果糖 ④葡萄糖。

24.（4）那一種油最適於長時間連續油炸米花糖？①黃豆沙拉油 ②花生油 ③葵花油 ④棕櫚油。

25.（2）炸米花糖的油顏色變黑，表示此油炸油？①黏度降低 ②品質變劣 ③香味增加 ④養分增加。

26.（2）用糯米製作傳統甜年糕是因為？①原料較便宜 ②產品不易變硬 ③產品容易變硬 ④顏色較紅。

27.（4）原料米的品質不須考慮？①品種 ②貯存時間 ③產品特性 ④包裝重量。

28.（1）製作粿粽須選用下列何種原料米？①圓糯米 ②長糯米 ③在來米 ④蓬萊米。

29.（1）製作元宵須選用下列何種原料米？①圓糯米 ②長糯米 ③在來米 ④蓬萊米。

30.（1）製作芝麻球須選用下列何種原料米？①圓糯米 ②長糯米 ③在來米 ④蓬萊米。

31.（3）下列何種非傳統粿粽選用的原料？①圓糯米粉 ②粳米粉 ③太白粉 ④長糯米粉。

32.（2）製作鹼粽須選用下列何種食品添加物？①酵母粉 ②鹼粉 ③小蘇打粉 ④明礬。

33.（2）製作鳳片糕須選用下列何種原料？①生糯米粉 ②熟糯米粉 ③生蓬萊米粉 ④熟蓬萊米粉。

34.（2）鳳片糕的主要原料是？①生糯米粉 ②熟糯米粉 ③生在來米粉 ④熟在來米粉。

35.（1）製作芋粿巧，下列何種原料不適用？①糕仔粉 ②在來米粉 ③糯米粉 ④芋頭。

36.（4）製作米花糖，下列何種原料不適用？①糯米乾 ②糖漿 ③油炸油 ④在來米。

37.（3）蒸煮後黏性最強的米是？①在來米 ②長糯米 ③圓糯米 ④蓬萊米。

38.（2）下列那一種米食製品之主要原料不是在來米？①米粉絲 ②粿粽 ③碗粿 ④蘿蔔糕。

39.（4）下列那一種米食製品之主要原料不是糯米？①湯圓 ②紅龜粿 ③筒仔米糕 ④米粉絲。

40.（1）糯米黏性的主要來源是？①澱粉 ②蛋白質 ③油脂 ④灰分。

41.（3）下列那一種米的直鏈澱粉含量最多？①長糯米 ②圓糯米 ③在來米 ④蓬萊米。

42.（1）製作年糕最宜選用下列何種原料米？①圓糯米 ②長糯米 ③秈米 ④粳米。

43.（4）欲使麻糬的皮存放時不變硬，可添加？①膨脹劑 ②著色劑 ③香料 ④品質改良劑。

44.（3）製作米食選用副原料花生仁時，在衛生安全上應特別注意？①顆粒大小 ②顏色深淺 ③有無長霉（黴） ④顆粒完整。

45.（3）下列何種米之營養價值最高？①白米 ②胚芽米 ③糙米 ④米糠。

46.（2）下列何者不可當做黏稠劑？①澱粉 ②發粉 ③羧甲基纖維素（CMC） ④阿拉伯膠。

47.（3）煮白米飯時欲使米粒表面光滑平整，不可使用？①乳化劑 ②改良劑 ③硼砂 ④油脂。

48.（4）八寶飯不適用何種甜味劑？①砂糖 ②果糖 ③麥芽糖 ④糖精。

49.（1）製作八寶粥最宜選用下列何種原料米？①圓糯米 ②粳米 ③在來米 ④蓬萊米。

50.（1）製作鹼粽須選用下列何種原料米？①圓糯米 ②長糯米 ③在來米 ④蓬萊米。

51.（2）製作發粿不可選用下列何種食品添加物？①酵母粉 ②硼砂 ③小蘇打粉 ④發粉。

52.（2）製作糕仔崙須選用下列何種原料？①糯米粉 ②熟糯米粉 ③熟漿糰 ④生糯米粉。

53.（1）麻糬製作過程中添加多量糖是為了？①防止腐敗 ②增加彈性 ③糖便宜 ④顏色好看。

54.（2）所謂稉米也就是？①在來米 ②蓬萊米 ③圓糯米 ④長糯米。

55.（4）下列何者不是煮白米飯時加油脂之主要目的？①使米飯亮麗 ②不易黏鍋 ③增加風味 ④增加咬感。

56.（4）下列何者最不適於製作白米飯？①台中 189 號 ②台南 70 號 ③台農 67 號 ④台中在來 1 號。

57.（2）以何種傳統方法磨米，其米粉顆粒最小？①乾磨 ②水磨 ③半乾磨 ④沒有差異。

58.（1）蒸煮後黏性最弱的米種是？①秈米 ②稉米 ③糯米 ④蓬萊米。

59.（4）製作芋頭糕須選用下列何種原料米？①長糯米 ②圓糯米 ③稉米 ④秈米。

60.（3）冷凍米食製品中，下列何者可以添加？①防腐劑 ②吊白塊 ③磷酸鹽 ④硼砂。

61.（2）米苔目是以下列何種米為原料？①蓬萊米 ②在來米 ③圓糯米 ④長糯米。

62.（1）下列何種米原料製成之製品老化較快？①秈米 ②稉米 ③長糯米 ④圓糯米。

63.（1）有關稻米澱粉顆粒大小，下列敘述何者不正確？①比小麥澱粉大 ②比玉米澱粉小 ③比馬鈴薯澱粉小 ④比甘薯澱粉小。

64.（4）有關稻米外觀的敘述，下列何者不正確？①秈米細長透明 ②稉米寬厚透明 ③長糯米細長臘白色 ④圓糯米寬厚透明。

65.（4）廣東粥與筒仔米糕的原料米？①均用秈米 ②均用稉米 ③分別用秈米與糯米 ④分別用稉米與糯米。

66.（1）對寧波年糕的敘述，下列何者正確？①用稉米製作，俗稱「腳板年糕」 ②用秈米製作，俗稱「平板年糕」 ③用長糯米製作，俗稱「薄片年糕」 ④用圓糯米製作，俗稱「腳板年糕」。

67.（2）一般白米飯的水分含量約多少%？① 40 ② 65 ③ 85 ④ 95。

68.（3）下列對新舊米的敘述，何者不正確？①新米水分含量較多 ②舊米蒸煮時吸水量較多 ③新米煮熟黏性小 ④新米風味較佳。

69.（1）黑糯米的種皮、果皮、糊粉層，含有下列何種成分，使其成紫黑色？①花青素 ②桃紅素 ③類胡蘿蔔素 ④茄紅素。

70.（4）下列何者不適做粽葉？①麻竹葉 ②桂竹籜 ③荷葉 ④茶葉。

71.（4）下列何者較不適做粽繩？①馬蘭草 ②鹹草 ③綿繩 ④塑膠繩。

72.（2）政府收購稻穀時，要求稻穀含水率，不得超過多少%？① 8 ② 13 ③ 18 ④ 23。

73.（1）蛋白質含量高的米，下列敘述何者不正確？①煮飯時間較短 ②硬度較佳 ③輾米時較不易斷裂 ④煮飯時間較長。

74.（4）對米粒白堊質的敘述，下列何者不正確？①米粒白堊質被認為是澱粉質排列疏鬆所致 ②輾米時有白堊質的穀粒較易破裂 ③白堊質米會降低市場的接受程度 ④白堊質會大大降低米的營養價值。

75.（2） 糕仔粉來自？①蒸氣加熱熟化處理的米原料 ②蒸氣加熱熟化、乾燥、烘炒、磨碎的米原料 ③生米烘炒、磨碎的米原料 ④生米高溫乾燥、磨碎的米原料。

76.（4） 煮飯時為使米粒光滑晶瑩或鬆軟，不可使用？①油脂 ②醋 ③檸檬汁 ④吊白塊。

77.（4） 為預防米食製品老化，可添加何種食品添加物予以改善？①防腐劑 ②膨脹劑 ③黏著劑 ④油脂。

78.（4） 何種米原料製成之米食製品老化較快？①圓糯米 ②長糯米 ③粳米 ④秈米。

79.（4） 關於常使用的粽葉敘述何者錯誤？①廣東裹蒸粽的荷葉 ②台式肉粽的麻竹葉 ③鹼粽的麻竹葉 ④野薑花粽的月桃葉。

80.（1） 傳統米粉絲之主原料為？①精白米 ②糙米 ③發芽米 ④米澱粉。

81.（2） 油蔥粿之米漿中通常不含哪種原料？①太白粉 ②黃豆粉 ③蓬萊米粉 ④在來米粉。

82.（2） 油炸米花糖時，所使用的米原料是？①生圓糯米 ②蒸熟風乾圓糯米 ③生蓬萊米 ④生在來米。

83.（4） 下列何者不屬於傳統發糕製作原料？①在來米 ②低筋麵粉 ③發粉 ④磷酸鹽。

84.（4） 下列何者不適合作為河粉之原料？①濕磨粿糰 ②濕磨米漿 ③乾磨生粉 ④乾磨熟粉。

85.（3） 甜年糕黏性的主要來源是？①水分 ②油脂 ③澱粉 ④蛋白質。

86.（3） 米食製品通常應避免澱粉之回凝現象，但下列何種產品須利用回凝之現象以促進其品質？①芋頭糕 ②菜包粿 ③米粉絲 ④油飯。

87.（4） 下列何種米較不適用製作白米飯？①台粳 9 號 ②台農 71 號 ③高雄 145 號 ④台粳糯 1 號。

88.（2） 下列對米外觀敘述何種錯誤？①粳糯圓短臘白色 ②秈糯細長透明 ③粳米圓短 ④秈米細長。

89.（2） 關於新舊米特性比較何者錯誤？①新米風味口感較佳 ②舊米煮飯時吸水量較少 ③新米黏度較高 ④舊米米粒不透明無光澤，顏色轉黃。

90.（3） 下列何種材質不適合用來綁粽子用？①藺草繩 ②棉繩 ③尼龍繩 ④月桃莖。

91.（4） 下列何者無助於延緩麻糬在保存過程中老化？①添加蛋白 ②添加油脂 ③提高砂糖比例 ④添加泡打粉。

92.（4） 下列米食製品之主原料何者為非秈米？①米苔目 ②筒仔米糕 ③芋頭糕 ④雪片糕。

93.（3） 裹蒸粽之主原料米為？①蓬萊米 ②在來米 ③圓糯米 ④長糯米。

94.（2） 傳統油飯是由何種米製成？①在來米 ②長糯米 ③粳米 ④秈米。

95.（4） 下列何種原料不是製作粽子之材料？①糙米 ②粽葉 ③醬油 ④防腐劑。

96.（2） 一般精白米之碾米率為多少？① 100% ② 82 ～ 87% ③ 80%以下 ④ 70%以下。

97.（3） 一般白米之外觀呈蠟白色之米，可能之米品種為？①蓬萊米 ②在來米 ③糯米 ④糙米。

98.（4） 寧波年糕常使用何種原料米製作？①長糯米 ②圓糯米 ③在來米 ④蓬萊米。

99.（3） 煮白米飯應添加多少水量（重量比）？① 0.6 倍以下 ② 0.6 ～ 0.8 倍 ③ 1.0 ～ 1.2 倍 ④ 1.6 倍以上。

100.（1） 依衛生安全而言，下列何種水不適合煮白米飯？①地下水 ②自來水 ③膜過濾水 ④去離子水。

101.（2） 下列何種米煮熟後較 Q、黏，較適合作為麻糬原料米？①在來米 ②圓糯米 ③長糯米 ④蓬萊米。

102.（3） 下列何種米食製品保存期限較短？①爆米花 ②乾米粉絲 ③壽司 ④鳳片糕。

103.（3） 台式肉粽子中添加何種原料，可使米粒呈色？①發粉 ②特砂 ③醬油 ④食鹽。

104.（3） 鳳片糕發生長黴情形，其主要可能原因是？①砂糖太多 ②油脂太多 ③水分太高 ④添加色素。

105.（4） 下列何種材料不是碗粿、粽子爆香的材料？①紅蔥頭 ②醬油 ③香油 ④發粉。

106.（4） 下列何者不適用於改善碗粿、蘿蔔糕表面離水及內部分層之現象？①添加糯米粉 ②添加秈米粉 ③預糊化要控制好 ④添加沙拉油。

107.（4） 下列何種米食產品需使用到皮蛋？①八寶粥 ②海鮮粥 ③碗粿 ④廣東粥。

108.（1） 下列何者較不適用為菜包粿外皮原料？①在來米粉 ②糯米粉 ③蓬萊米粉 ④甘薯粉。

109.（3） 下列何種米食產品以熟米（漿）糰為外皮？①湯圓 ②元宵 ③麻糬 ④紅龜粿。

110.（4） 下列何種米之支鏈澱粉含量最高？①在來米 ②蓬萊米 ③西谷米 ④糯米。

111.（3） 下列何種米食製品須使用到「腸衣」？①粽子 ②粿粽 ③糯米腸 ④蘿蔔糕。

112.（2） 年糕外觀呈金（橙）黃色，是因添加何種原料受熱所造成？①色素 ②砂糖 ③酵素 ④檸檬酸。

113.（4） 廣東粥之主要原料米為？①長糯米 ②圓糯米 ③在來米 ④蓬萊米。

114.（2） 糯米腸之主要原料米為？①在來米 ②長糯米 ③圓糯米 ④蓬萊米。

115.（3） 蘿蔔糕之主要原料米為？①蓬萊米 ②長糯米 ③在來米 ④圓糯米。

116.（1） 芝麻球之主要原料米為？①圓糯米 ②長糯米 ③蓬萊米 ④在來米。

117.（1） 下列何種米製品主要原料不是在來米？①芋粿巧 ②蘿蔔糕 ③碗粿 ④米粉絲。

118.（3） 蘿蔔糕中不可添加下列何種澱粉？①玉米澱粉 ②樹薯澱粉 ③順丁烯二酸澱粉 ④醋酸化玉米澱粉。

119.（4）下列何者不是製作雪片糕的原料？①糖粉 ②熟糯米粉 ③液體油 ④生糯米粉。

09500 中式米食加工－丙級

工作項目 03：中式米食加工機具

1. （1） 煮八寶粥鍋底燒焦時，下列那一種的處置不當？①用刀子刮 ②先泡在熱水中再刷 ③用竹製品刷洗 ④用菜瓜布刷洗。
2. （1） 清洗米食加工機械時應？①拔除電源 ②讓機器繼續運轉 ③停機但不必拔除電源 ④看情況選擇操作。
3. （1） 磨漿機設備應？①每日清洗 ②隔日清洗 ③不必清洗 ④每週清洗。
4. （4） 磨漿機有異常或其它不良時，最好之方法為？①繼續使用至不能運轉再檢修 ②一面運轉一面檢修 ③停機檢修 ④停機檢修時切斷電源並掛上“禁止送電”警示牌。
5. （4） 清洗米食器具的正確方法為？①擦拭 ②用水沖 ③用清潔劑清洗 ④用食品級清潔劑清洗後，以水沖洗並乾燥之。
6. （3） 年糕蒸盤內最理想的墊紙是？①銅版紙 ②保鮮膜 ③玻璃紙 ④白報紙。
7. （4） 蒸年糕的容器最好是使用？①無底孔墊布 ②有底孔墊布 ③無底孔墊玻璃紙 ④有底孔墊玻璃紙。
8. （4） 蒸發粿（發糕）的容器最好是使用？①淺底盤 ②深底玻璃杯 ③面大的淺底派盤 ④湯碗或飯碗。
9. （3） 傳統紅龜粿的墊底是？①墊布 ②玻璃紙 ③植物葉片 ④蒸籠紙。
10. （2） 傳統的鹼粽最好的粽葉是？①月桃花葉 ②麻竹葉 ③桂竹籜 ④香蕉葉。
11. （4） 可以產生蒸氣的機具是？①脫水機 ②二重鍋 ③煮飯機 ④鍋爐。
12. （2） 那一種磨米機具最易發熱？①半乾式磨粉機 ②乾式磨粉機 ③磨漿機 ④濕式石磨機。
13. （4） 以衛生安全考量，油炸槽的材質以何者最佳？①銅 ②鋁 ③鐵 ④不鏽鋼。
14. （4） 煮糖漿的鍋以何種材質最佳？①錫 ②鋁 ③鐵 ④不鏽鋼。
15. （2） 傳統米粉絲製作過程中，須將漿糰反覆壓成片狀，此種機器稱為？①空壓機 ②壓片（輪粿）機 ③油壓機 ④擠壓機。
16. （3） 使用蒸練機製作麻糬時，那一條件較不重要？①壓力 ②溫度 ③電壓 ④時間。
17. （2） 工業化製作麻糬時，最理想的機具是？①攪拌機 ②蒸練機 ③二重鍋 ④蒸籠。
18. （1） 糕仔崙最理想的墊底是？①蒸烤紙 ②保鮮膜 ③玻璃紙 ④香蕉葉。
19. （4） 調製芋粿巧漿糰時，最理想的機具是？①脫水機 ②磨漿機 ③二重鍋 ④攪拌機。
20. （3） 調製蘿蔔糕粉漿時，最理想的機具是？①脫水機 ②磨漿機 ③攪拌二重鍋 ④攪拌機。
21. （2） 廣東裹蒸粽最好的粽葉是？①月桃花葉 ②荷葉 ③桂竹籜 ④麻竹葉。
22. （4） 傳統蒸籠於蒸年糕時不必用？①集氣墊板 ②透氣筒 ③玻璃紙 ④蒸籠布。
23. （3） 蒸練機一般需配合何種機械使用？①攪拌機 ②蒸籠 ③鍋爐 ④煮飯機。
24. （2） 磨漿機用電的頻率（赫茲）為？① 40 赫茲 ② 60 赫茲 ③ 110 赫茲 ④ 220 赫茲。
25. （4） 米食加工業上所使用的理想蒸具是？①竹蒸籠 ②鋁蒸籠 ③不鏽鋼蒸籠 ④蒸櫃（箱）。

26.（4） 米食加工機器安裝時與下列何者無關？①量測水平 ②防震墊 ③安全操作空間 ④檢查室內溫度。

27.（4） 蒸汽式蒸櫃（箱）使用的鍋爐，與下列何者較無關？①檢視安全閥 ②檢查軟水正常水位（量） ③檢視壓力表 ④檢查室內溫度。

28.（1） 加工過程中，於米食製品裝入容器後應？①放棧板上 ②放地上 ③用紙舖放在地上 ④放機器蓋板上。

29.（1） 米食加工機具使用後？①立即清洗消毒 ②浸水明天洗 ③不髒下次洗 ④擦乾淨。

30.（4） 要磨較細的米漿，較不受下列何者因素影響？①水量 ②磨漿機磨盤之間隙 ③加料速度 ④室溫。

31.（4） 米食加工機具使用前，下列敘述何者不恰當？①熟讀操作手冊 ②瞭解保養注意事項 ③瞭解使用能源 ④用完後熟讀安全注意事項。

32.（3） 加工機具運轉時，下列何者不對？①須使用正確電源 ②須接地線 ③可同時檢修 ④須注意操作人員之安全。

33.（3） 清洗機具的正確步驟為下列何者？ 1 擦拭、2 水洗、3 以食品級清潔劑清洗、4 切斷電源① 3214 ② 4231 ③ 4321 ④ 3241。

34.（3） 使用攪拌二重釜時，通常配合下列何種設備？①成型機 ②揉絲機 ③鍋爐 ④包裝機。

35.（2） 米食加工機具構造上應以下列何者為原則？①精密複雜 ②易拆易洗 ③體積龐大 ④價格高昂。

36.（4） 製作米粉時，不需用到下列何種機械？①乾燥機 ②濕磨機 ③擠絲機 ④切片機。

37.（1） 製作蘿蔔糕，需用到下列何種設備？①蒸籠 ②播漬機 ③按摩機 ④封罐機。

38.（4） 製作米粉絲時不會用到下列何種設備？①蒸爐 ②擠絲機 ③壓片（輪粿）機 ④封罐機。

39.（1） 清洗米食加工機械時應？①拔除電源再清洗 ②不停機直接清洗 ③停機清洗但不拔除電源 ④視情況而選擇操作。

40.（1） 下列有關用電觀念何者不正確？①同一插座可利用延長線同時接多項電器設備 ②不用潮濕手或腳部直接接觸插座 ③經常檢查老舊電路設備 ④機器上裝置漏電斷路開關。

41.（3） 攪拌機使用完畢後清洗步驟為下列何者？ 1 擦拭、2 水洗、3 切斷電源、4 以食品級清潔劑清洗① 4213 ② 3241 ③ 3421 ④ 4231。

42.（2） 工業化製作麻糬時，最適合的機具是？①切絲機 ②蒸煉機 ③壓延機 ④二重鍋。

43.（4） 製作爆米花時應使用何種機器？①焙炒機 ②磨粉機 ③攪拌機 ④膨發鎗。

44.（3） 製作爆米花時，膨發壓力應控制到何種範圍？① 1-3 kg/cm^2 ② 3-6 kg/cm^2 ③ 8-12 kg/cm^2 ④ 15 kg/cm^2 以上。

45.（2） 製作麻糬時應使用何種機械來調製熟（漿）糰皮？①壓延機 ②攪拌機 ③擠壓機 ④膨發鎗。

46.（4） 製作米食製品時，下列何者不是工廠常使用之加熱機具？①瓦斯爐 ②蒸氣箱 ③二重釜 ④微波爐。

47.（3） 製作豬油糕時，下列機器設備何者不需要？①蒸箱 ②攪拌機 ③烤箱 ④篩分機。

09500 中式米食加工－丙級

工作項目 04：中式米製食品製作技術

1. （4）米漿一公斤的重量等於？① 1 公克 ② 10 公克 ③ 100 公克 ④ 1000 公克。
2. （1）煮大鍋飯剛開始要用？①大火 ②中火 ③小火 ④微火。
3. （2）傳統熟粉（糕仔粉）之製作係？①以熟米飯直接焙炒磨粉 ②米蒸熟乾燥後磨粉 ③生米焙炒後再蒸熟後磨粉 ④生米磨粉後直接焙炒。
4. （3）漿糰 3 公斤相當於？① 3 台斤 ② 4 台斤 ③ 5 台斤 ④ 6 台斤。
5. （4）要使艾草粿滑潤好吃，漿糰可加入？①蛋白粉 ②麵粉 ③蛋 ④油脂。
6. （4）1 台斤重的蘿蔔糕等於？① 300 公克 ② 400 公克 ③ 500 公克 ④ 600 公克。
7. （2）芝麻球最理想的油炸溫度？① 80 ～ 120℃ ② 140 ～ 180℃ ③ 220 ～ 260℃ ④ 260℃以上。
8. （4）影響米飯彈性之最重要因素是？①蛋白質 ②灰分 ③油脂 ④澱粉。
9. （3）調製普通白粥的用水量大約是米量的？① 3 倍 ② 5 倍 ③ 10 倍 ④ 15 倍。
10. （2）最理想的米花糖糖漿溫度為？① 90℃ ② 115℃ ③ 135℃ ④ 150℃。
11. （3）夏天浸米之溫度最好保持在？①高溫 ②冷凍 ③冷藏 ④室溫。
12. （4）對於米漿顆粒之粗細度，下列敘述何者不正確？①會影響產品品質 ②會影響加工操作 ③應適當的控制粗細度 ④不影響產品品質及操作。
13. （1）米漿糰若要有良好的柔韌度，需要經過適當的？①糊化 ②老化 ③冷藏 ④冷凍。
14. （4）煮粥時前段加熱最好使用？①微火 ②小火 ③中火 ④大火。
15. （2）浸米的時間與浸漬的水溫呈？①正比 ②反比 ③無相關性 ④不一定。
16. （4）製作湯圓時發現漿糰太硬時，不可以採取何種對策？①多加些冷水 ②多加些預糊化粿粹 ③多加些熱水 ④加乾粉。
17. （3）米粉絲常用的乾燥方法是？①冷凍乾燥 ②滾筒乾燥 ③熱風乾燥 ④真空乾燥。
18. （4）自然乾燥法比熱風乾燥法具有何優點？①所需乾燥時間較短 ②不受到天候的影響 ③衛生條件較佳 ④省錢。
19. （1）洗米之過程應該？①快 ②慢 ③快慢均可 ④先浸泡再快洗 。
20. （2）米粉絲擠絲後應以何種溫度蒸熟較理想？① 80℃ ② 100℃ ③ 120℃ ④ 140℃。
21. （1）蒸芋頭糕宜用？①大火 ②中火 ③小火 ④微火。
22. （3）下列何者不屬於傳統米粉絲之製作過程？①磨漿 ②擠絲 ③冷凍 ④蒸煮。
23. （3）米的精白度高低不會影響產品之？①白度 ②品質 ③甜度 ④貯存性。
24. （4）浸米時不必注意？①時間 ②溫度 ③微生物 ④容器大小。
25. （1）欲得到好的蘿蔔糕製品，其米漿調製時應？①部分糊化 ②不必糊化 ③完全糊化 ④過度糊化。
26. （4）在米食製品中加入適量其他澱粉時，不會影響？①物性 ②化性 ③成本 ④包裝。

27.（2） 下列何種米食製品必須裝盤才可炊蒸？①粿粽 ②蘿蔔糕 ③麻糬 ④芋粿巧。

28.（1） 下列何種米食製品不必裝盤，即可炊蒸？①紅龜粿 ②蘿蔔糕 ③九層糕 ④年糕。

29.（1） 米浸泡後會吸水，吸水重量約為原料米重量之？① 0.5 倍 ② 1 倍 ③ 2 倍 ④ 3 倍。

30.（4） 下列何種米食製品必須先糊化才可炊蒸？①粿粽 ②芋粿巧 ③年糕 ④蘿蔔糕。

31.（3） 製作八寶粥時，最後加入的原料是？①紅豆、綠豆 ②薏仁、花生 ③砂糖 ④桂圓、麥片。

32.（2） 製作芋粿巧時，炒過的調配料混入前要先？①加熱 ②冷卻 ③冷凍 ④與溫度無關。

33.（4） 調製熟糕粉產品時，與何種原料混合會產生韌性？①糖粉 ②油 ③奶粉 ④水。

34.（3） 下列何種米食製品操作要迅速，品質才會好？①粿粽 ②蘿蔔糕 ③糕仔崙 ④芋粿巧。

35.（4） 關於米穀粉的粗細度，何者之敘述不正確？①會影響攪拌時水合作用 ②會影響加工條件 ③會影響產品品質 ④只要成粉狀並不影響品質及操作。

36.（1） 以衛生安全之觀點言，蒸籠布材質應使用？①棉布 ②聚丙烯（PP）材質 ③聚乙烯（PE）材質 ④聚氯乙烯（PVC）。

37.（1） 用瓦斯煮飯時在燜飯階段，火力大小之控制應？①熄火或微火 ②中火 ③大火 ④強火。

38.（3） 綁粽子用的繩子，材質上以何者為佳？①塑膠繩 ②尼龍繩 ③棉繩 ④橡皮筋。

39.（4） 製作廣東粥時，以何種條件最不重要？①水分 ②溫度 ③時間 ④容器大小。

40.（4） 米食加工製作時，以何者最不重要？①原料米選擇 ②蒸煮的條件 ③配方與攪拌 ④室內溫度。

41.（1） 鹼粽所用的鹼粉，下列何者之敘述不正確？①任何鹼類均可使用 ②會影響成品風味 ③會影響成品顏色 ④須正確控制鹼量與浸漬時間。

42.（3） 何種技術對米食製品老化的影響最低？①磨漿技術 ②攪拌技術 ③成型技術 ④蒸煮技術。

43.（2） 3 公斤的油飯等於？① 3 台斤 ② 5 台斤 ③ 6 台斤 ④ 9 台斤的油飯。

44.（1） 澱粉回凝（老化）最迅速的溫度範圍是？① 0 ～ 5℃ ② 20 ～ 30℃ ③ 50 ～ 60℃④ 70 ～ 80℃。

45.（1） 做油飯最常選用？①沙拉油 ②棕櫚油 ③牛油 ④奶油。

46.（2） 何種粽子內容量不能太滿，煮後才不會漲裂？①台式肉粽 ②鹼粽 ③粿粽 ④豆沙粽。

47.（2） 八寶粥之糖度（Brix）以何範圍較適合？① 5 ～ 8° ② 11 ～ 13° ③ 15 ～ 16° ④ 18 ～ 20°。

48.（4） 不會影響米澱粉糊化作用之重要因素是？①水含量 ②加熱溫度 ③加熱時間 ④室內濕度。

49.（4） 產品蒸煮過程中，若蒸煮中水不足，最好補充？①冷水 ②溫水 ③熱水 ④沸水。

50.（1） 與磨米漿的濃稠度最有關係的是？ ①加水量 ②細度 ③糊化度 ④機械。
51.（3） 要使蒸好的漿糰柔軟最好的方式須經？①攪拌 ②用手揉捏 ③捶打 ④均質。
52.（1） 粽葉主要是增加肉粽的？①風味 ②美觀 ③安全 ④營養。
53.（3） 米粒浸漬時間？①越長愈好 ②愈短愈好 ③視產品而定 ④無所謂。
54.（1） 傳統米乳為了增加風味，一般均添加？①花生 ②芋頭 ③甘藷 ④牛乳。
55.（4） 為了控制米漿的粗細，用機械磨漿時不必調整？①磨石的間隙 ②進料速度 ③米與水的比例 ④電壓。
56.（3） 磨漿時所得之粉漿應？①愈細愈好 ②愈粗愈好 ③視產品而定 ④無相關性。
57.（2） 漿糰經攪拌後，可使漿糰產生良好的？①香氣 ②物性 ③白度 ④甜度。
58.（1） 蒸紅龜粿宜使用何種火候？①中小火 ②烈火 ③大火 ④強火。
59.（3） 要使湯圓皮的操作性好，可添加？①麵粉 ②糖 ③熟漿糰（預糊化漿糰） ④玉米澱粉。
60.（2） 粽葉在使用前宜做何種處理較好？①泡冷水 ②泡熱水 ③不須浸泡 ④水沖洗即可。
61.（2） 1台兩重的湯圓等於？①32.5公克 ②37.5公克 ③38.5公克 ④50公克 的湯圓。
62.（4） 廣東粥與八寶粥不同的特性是？①水份多 ②煮熟的時間較長 ③使用米為主原料 ④副原料不同。
63.（2） 煮白米飯時，一般而言米與水原料之比例宜為？① 1:0.5 ② 1:1.2 ③ 1:2 ④ 1:3。
64.（2） 製作油飯使用何種油最香？①沙拉油 ②豬油 ③棕櫚油 ④玉米油。
65.（1） 米浸漬處理時，應該？①先洗淨後再浸漬 ②浸漬後再洗淨 ③不必清洗 ④無所謂。
66.（1） 何種米食製品適用擠壓方式製成？①米粉絲 ②碗粿 ③米糕 ④鳳片糕。
67.（4） 擠壓米食製品時不須考慮？①擠壓溫度 ②原料進料速度 ③原料水分 ④電壓。
68.（1） 米苔目製作時，下列敘述何者為正確？①須先成糰 ②調成稀漿直接過篩煮熟 ③可添加防腐劑 ④使用糯米為原料。
69.（3） 鍋粑宜使用何種油炸溫度最好？① 100℃ ② 150℃ ③ 200℃ ④ 300℃。
70.（4） 鹼粽中加入鹼粉，其主要目的？①防腐 ②膨鬆 ③甜度 ④增加韌性。
71.（4） 以米100％為基準，鹽量2％，若米之用量為250公克，則鹽用量為？① 2公克 ② 3公克 ③ 4公克 ④ 5公克。
72.（3） 以米穀粉100％為基準，太白粉使用10％，若米穀粉之使用量為300公克，則太白粉之使用量為？① 10公克 ② 20公克 ③ 30公克 ④ 40公克。
73.（3） 配方中米與其它原料之比為1:0.3，若米為12公克則其它原料為？① 3公克 ② 3.3公克 ③ 3.6公克 ④ 4.0公克。
74.（1） 米苔目製作時，會先將一部分漿糰糊化，其主要目的為？①品質較佳 ②色澤較白 ③殺菌 ④降低pH值。
75.（3） 寧波年糕與甜年糕之副原料最大差異是？①澱粉 ②油 ③糖 ④著色劑。

76.（3）米經隔夜浸漬主要的目的是？①澱粉分解　②蛋白質分解　③加工特性改變　④飽和含水率改變。

77.（4）造成碗粿貯藏期間容易老化的最重要因素是？①水分　②蛋白質　③油脂　④澱粉。

78.（1）紅龜粿在貯藏期間老化的最重要因素是？①澱粉　②油脂　③蛋白質　④水分。

79.（2）米粉絲採用自然乾燥法的優點是？①所需乾燥時間短　②操作簡單，費用低廉　③品質不易劣化　④不會受到天候的影響。

80.（4）冷凍米食不適用下列何種方法解凍？①微波　②室溫　③溫水　④日晒。

81.（4）白米浸泡水的吸水量，不易受到何種因素的影響？①米品種　②新米或舊米　③浸泡水溫度　④容器大小。

82.（4）下列那一種方法不常用於米漿之脫水？①離心法　②壓搾法　③真空脫水法　④篩分法。

83.（4）下列那一種解凍方法最不適於米食製品的解凍？①蒸煮解凍　②微波解凍　③室溫解凍　④沸水解凍。

84.（3）碗粿的預糊化溫度約在？① 30 ～ 40℃　② 45 ～ 55℃　③ 60 ～ 75℃　④ 95 ～ 100℃。

85.（2）自然乾燥法的最大缺點是？①品質較差　②易受到天候的影響　③所需乾燥時時間較長　④操作費用較高。

86.（1）蒸芋頭糕和發粿時，火力大小最宜採用？①都用大火　②都用小火　③芋頭糕大火、發粿小火　④芋頭糕微火、發粿大火。

87.（4）與九層糕無關的製作條件為？①壓力　②時間　③溫度　④加油量。

88.（2）米食製品通常應注意避免澱粉之回凝（老化）現象，但何產品須利用回凝之現象以促進其品質？①蘿蔔糕　②米粉絲　③肉粽　④鼠麴粿。

89.（2）蒸糯米飯太硬時要如何調整？①加油拌勻再蒸　②撒水再蒸　③加糖蒸　④加醋蒸。

90.（3）傳統用何種材料做發粿（發糕）？①小蘇打粉　②新鮮酵母　③老麵種　④鹼水。

91.（3）下列何種米食製品要經壓模成型之手續？①芋頭糕　②年糕　③豬油糕　④蘿蔔糕。

92.（4）煮飯時，下列何者較無關米飯品質？①加水量多少　②燜飯時間長短　③原料米品質　④容器種類。

93.（1）蒸發粿時，要使表面較有裂紋，火力宜採用？①大火　②中火　③小火　④微火。

94.（2）煮飯時，使用新米及舊米之加水量應？①新米＞舊米　②舊米＞新米　③二者一樣　④沒有相關。

95.（4）燜飯的功能不包括？①蒸發多餘水蒸氣　②驅散米飯表面多餘游離水　③使米飯堅韌有彈性　④使多餘游離水滲入米飯中心。

96.（1）下列何者非洗米的正確方法？①用力搓洗　②動作要輕　③動作要迅速　④不必搓揉。

97.（4）不同類型米煮飯加水量，下列何者不正確？①秈米加水量較梗米多　②秈米加水量較糯米多　③梗米加水量較糯米多　④糯米加水量較秈米多。

98.（4）下列何者產品之製作需經米漿預糊化處理步驟？①鳳片糕　②油炸米花糖　③肉粽

④碗粿。

99.（3）下列何者對米粒吸水量影響最低？①浸泡時間 ②浸泡溫度 ③浸泡容器 ④米粒品種。

100.（2）製備八寶粥時，下列何者不正確？①紅豆與綠豆浸泡時間相等 ②紅豆與糯米浸泡時間相等 ③糯米與麥片浸泡時間相等 ④紅豆、綠豆浸泡時間應長於糯米與麥片。

101.（3）下列何者可用於判斷產品是否已蒸熟？①表面起泡沫 ②筷子插入會倒下 ③以筷子插試，不黏筷子 ④以筷子插試，會黏筷子。

102.（3）米粉絲之製備流程，下列何者正確？ 1 部份糊化、2 乾燥、3 蒸熟、4 擠絲 ① 1342 ② 1234 ③ 1432 ④ 1423。

103.（3）下列何者不屬於傳統發糕製程？①磨漿 ②蒸煮 ③乾燥 ④洗米。

104.（4）米漿製成米苔目時，不可用下列何者方式脫水？①離心 ②機械 ③重石壓搾 ④熱風乾燥機。

105.（1）爆米花之主要膨脹劑為？①水分 ②發粉 ③澱粉 ④碳酸氫鈉。

106.（3）米粉絲可分類為水粉與炊粉是依據？①米種 ②產地 ③製程 ④天候。

107.（4）常用的米粉絲乾燥方法是？①真空乾燥 ②冷凍乾燥 ③滾筒乾燥 ④熱風乾燥。

108.（2）最容易使米食製品變硬〔老化〕的溫度是？① -10℃ ② 4℃ ③ 18℃ ④常溫。

109.（3）蘿蔔糕若有分層離水現象，主要與何者有關？①蛋白質 ②麵筋 ③澱粉 ④油脂。

110.（2）包粽子時粽葉如何處理較佳？①直接捆綁 ②先浸軟再入熱水中煮至完全軟化 ③添加亞硫酸 ④浸漬色素染色。

111.（3）為使米飯增加光澤，煮飯時可以添加下列何種物質？①食鹽 ②味精 ③沙拉油 ④糖。

112.（3）如何減少蘿蔔糕糊化不均，離水現象？①米需浸漬 ②磨漿時，顆粒愈小愈好 ③米漿先經適度糊化處理 ④加大火蒸煮。

113.（3）麻糬的製備過程中，下列哪一項處理對產品口感影響最大？①浸米 ②磨漿 ③拌打 ④成型。

114.（3）爆米花膨發製作原理是？①油炸膨發 ②冷凍乾燥 ③高壓下瞬間洩壓 ④碳酸氫氧之使用。

115.（4）浸米在何種溫度下的吸水率最快？① -5℃～ 0℃ ② 5℃～ 10℃ ③ 15℃～ 20℃ ④ 25℃～ 30℃。

116.（3）下列何者不會影響米的吸水速率？①米的精白度 ②米粒的大小 ③浸米的容器 ④浸米的溫度。

117.（3）不同種類米加水煮飯，下列何者正確？①蓬萊米的加水量大於在來米 ②糯米的加水量大於蓬萊米 ③在來米的加水量大於糯米 ④糯米的加水量大於在來米。

118.（1）下列何者正確？①冬天浸米的時間比夏天長 ②夏天浸米的時間比冬天長 ③冬天跟夏天浸米的時間一樣長 ④不用浸米。

119.（4）下列何者非煮飯的必須步驟？①加熱 ②加水 ③浸米 ④冷藏。

120.（2）下列何種米製品中無完整米粒？①肉粽 ②廣東粥 ③筒仔米糕 ④海鮮粥。

121.（2）下列何種米製品不能先成型再蒸煮？①芋粿巧 ②冰皮月餅 ③麻糬 ④湯圓。

122.（3）下列何種米製品需要壓模成型？①鹼仔粿 ②碗粿 ③紅龜粿 ④菜包粿。

123.（3）下列何種米製品不需要經預糊化處理？①碗粿 ②芋頭糕 ③河粉 ④蘿蔔糕。

124.（1）下列何種米製品可以直接以冷水調製？①河粉 ②米苔目 ③鼠麴粿 ④蘿蔔糕。

125.（3）製作麻糬的皮餡比為皮：餡＝ 3：2，若餡為 20 公克則其皮為？① 50 公克 ② 40 公克 ③ 30 公克 ④ 20 公克。

126.（3）製作甜年糕時米穀粉為 100％，砂糖為 80％，若米穀粉的使用量為 500 公克，則砂糖的使用量為？① 200 公克 ② 300 公克 ③ 400 公克 ④ 500 公克。

127.（2）1 粒台式肉粽 100 公克，12 粒台式肉粽相當於多少重量？① 1 台斤 ② 2 台斤 ③ 3 台斤 ④ 4 台斤。

128.（2）下列何者是製作鹼粽可以添加之鹼粉？①六偏磷酸鈉 ②三偏磷酸鈉 ③氯化鈉 ④氫氧化鈉。

129.（3）下列何者不會影響米粉絲的蛋白質含量？①磨米的方法 ②米種 ③擠絲 ④添加澱粉。

130.（2）下列何種米的製品其老化速度最快？①糯米 ②在來米 ③蓬萊米 ④三者相同。

131.（4）水磨方法不會影響米穀粉下列何種性質？①顆粒大小 ②顏色 ③吸水性 ④糊化程度。

132.（4）下列何種米製品可以大火蒸熟？①菜包粿 ②九層糕 ③紅龜粿 ④寧波年糕。

133.（3）下列何者不是製作米製品時添加澱粉的主要目的？①調整老化現象 ②調整軟硬度 ③增加香味 ④調整吸水量。

134.（3）下列何者不是傳統碗粿的製程？①米漿經預糊化與配料混合 ②裝碗蒸熟 ③米漿直接與配料混合後蒸熟 ④用中大火蒸熟。

135.（2）下列何者對米苔目品質的影響較小？①漿糰的含水量 ②工作環境的溫度 ③米種 ④擠出的速度。

136.（2）下列何者不會影響米飯的軟硬度？①加水量的多寡 ②洗米的次數 ③浸米的時間 ④加熱熟化的時間。

137.（4）下列何者不會影響水磨米漿的品質？①磨米漿的加水量 ②磨米漿的設備 ③磨米漿的速度 ④磨米漿時的室溫。

138.（1）蒸煮米製品時何者非影響米製品品質的主要因素？①蒸煮的容器 ②蒸煮時的水量是否充足 ③蒸煮時的溫度 ④蒸煮的時間。

139.（2）製作菜包粿的皮餡比為皮：餡＝ 2：3，若皮為 30 公克則其餡為？① 55 公克 ② 45 公克 ③ 35 公克 ④ 25 公克。

140.（4）預糊化米穀粉以何種程度為佳？①黏稠不流動狀 ②稀薄易流動 ③成米糰狀 ④略黏稠具流動性。

141.（3）下列何種因素不會影響漿糰的品質？①脫水的方法 ②磨米的方法 ③成型的形狀 ④漿糰的含水量。

142.（2）下列何者是元宵與湯圓的差異？①米穀粉的種類 ②包餡方式 ③餡料 ④加熱方式。

143.（2）下列何者是米粉絲以水粉方式製作的過程？①擠絲後蒸熟再熱風乾燥 ②擠絲後水

煮熟再熱風乾燥 ③擠絲後先熱風乾燥再蒸熟 ④擠絲後先熱風乾燥再水煮熟。

144.（3）下列何者是蒸煉機製作麻糬的過程？①先糊化再拌打 ②先拌打再糊化 ③糊化、拌打同時進行 ④糊化、拌打順序不重要。

145.（4）寧波年糕之製備流程，下列何者正確？ 1 切斷、2 擠出或搓揉成型、3 拌打或舂打、4 蒸熟① 1234 ② 4213 ③ 1432 ④ 4321。

146.（2）下列何者是湯圓與元宵最相近處？①作法 ②外皮主原料 ③內餡 ④外皮水分含量。

147.（3）元宵之基本製備流程，下列何者正確？ 1 餡沾（過）水、2 滾動裹糯米粉、3 分餡① 123 ② 321 ③ 312 ④ 213。

148.（4）下列有關包餡湯圓與麻糬之敘述，何者不正確？①原料米穀粉相同 ②外皮作法不同 ③內餡相近 ④兩者都是以熟皮熟餡製作。

149.（4）下列有關甜年糕與麻糬之敘述，何者不正確？①原料米穀粉相同 ②兩者之熟粿糰均可經過拌打 ③兩者成品均為熟粿糰 ④兩者均須裹粉食用。

150.（2）紅龜粿之製作，與下列何種米食相近？①湯圓 ②菜包粿 ③麻糬 ④芝麻球。

151.（4）下列有關芋粿巧與芋頭糕之敘述，何者最正確？①兩者作法相同 ②兩者屬於同一類米食 ③兩者形狀相同 ④兩者原料相近。

152.（4）冰皮月餅的製作過程中，不需要的製作程式是？①原料攪拌 ②包餡 ③壓模 ④烤焙。

153.（1）米花糖的製作過程中，糖漿的溫度煮過高容易導致產品？①過硬 ②體積變大 ③膨發米體積變小 ④形狀易變形。

154.（1）油炸米乾時下列何者錯誤？①油炸前先將米乾浸泡於水中使之軟化是必要的步驟 ②沙拉油不是最適當的油炸油 ③需隨時清除油炸油中的雜質 ④油炸油的酸值過高時須更換新油。

155.（3）冰皮月餅的外皮過硬可能不會產生的問題為？①壓模紋路不清晰 ②外皮可能龜裂 ③外皮顏色變淡 ④口感不佳。

156.（2）鳳片糕的製作過程，下列何者錯誤？①提高糖漿濃度可以延長產品保存期限 ②使用熱糖漿可以縮短攪拌時間 ③應使用熟粉 ④壓模完成後不需蒸烤。

157.（3）有關糕仔崙的製作，何者錯誤？①蒸箱須有防滴水設計 ②使用熟粉製作 ③長時間大火蒸可以增加 Q 度 ④發酵完全的糕仔糖可以增加產品風味。

158.（1）豬油糕與雪片糕的相同點何者正確？①皆需蒸熟 ②皆使用熟粉與生粉混合③成品皆須切薄片 ④皆須使用糖漿。

159.（1）鳳片糕紋路不清晰的可能原因為？①配方中使用過多熟粉外皮較硬 ②食用色素添加不足 ③內餡使用太多 ④香蕉油使用量不足。

工作項目 05：中式米製食品包裝與標示

1. （3） 米食製品做好後，下列敘述何者不正確？①應妥善包裝 ②應有製造日期 ③不須包裝即可販賣 ④應標示內容物。
2. （4） 米食製品包裝材料之選用，下列敘述何者不正確？①應衛生安全 ②適用性宜佳 ③宜考慮價格與成本 ④任何材料均可。
3. （4） 米食製品的包裝宜使用？①真空包裝 ②充氮氣包裝 ③一般包裝 ④視產品而定。
4. （4） 米食製品包裝不一定須標示之項目？①品名 ②原料與添加物 ③製造日期 ④料理配方。
5. （1） 微波米食包裝材質與普通包裝材質？①不同 ②相同 ③無限制 ④無規定。
6. （4） 米食包裝之塑膠包裝材質不可含有？①聚氯乙烯（PVC） ②聚乙烯（PE） ③聚丙烯（PP） ④有毒物質。
7. （2） 米食外包裝之印刷顏料，下列何者不正確？①不易脫落為宜 ②與食物黏著無所謂 ③宜在中間層較佳 ④色彩宜柔和較佳。
8. （4） 米食製品之包裝標示，宜符合下列何單位公布之標準？①財政部 ②內政部 ③勞動部 ④衛福部。
9. （4） 米食包裝之主要功能不包含？①保護米食之品質 ②作業方便 ③促進販賣銷售 ④滅菌作用。
10. （4） 米食包裝之第一目標是？①儲運方便 ②製造方便 ③銷售方便 ④保護內容物。
11. （2） 為防止米食製品變質，包裝材質宜選用具有阻絕何種氣體的包裝材料？①氮氣 ②氧氣 ③氦氣 ④二氧化碳。
12. （1） 米食產品包裝上之組成分標示次序，應為？①由多而少 ②由少而多 ③成分最多者置中 ④任意排列。
13. （2） 包裝米食製品時，在相同的厚度下，下列何種包裝材料阻絕性最差？①聚丙烯（PP） ②紙 ③聚氯乙烯（PVC） ④延伸性聚丙烯（OPP）。
14. （4） 米食製品採用之包裝材料若有下列何項，才可製造販賣？①有毒者 ②易產生不良化學反應者 ③有異味 ④符合衛生法規。
15. （3） 下列何種油飯包裝材料，最符合環保要求，且最易處理？①塑膠容器 ②金屬容器 ③紙容器 ④玻璃容器。
16. （2） 下列何種米食包裝材料氧氣阻絕性最差？①聚乙烯（PE） ②玻璃紙 ③聚氯乙烯（PVC） ④聚丙烯（PP）。
17. （1） 冰米漿採用PE袋裝即指？①聚乙烯袋 ②聚苯乙烯袋 ③聚丙烯袋 ④聚乙烯乙酯袋。
18. （3） 米食製品包裝用的PVC是指？①聚乙烯 ②聚苯乙烯 ③聚氯乙烯 ④聚丙烯。
19. （1） 米食製品之包裝材料最易產生異味者為？①塑膠 ②金屬（塗漆）罐 ③紙盒 ④鋁箔盒。

20.（2）米食包裝材料何者水氣阻絕性最差？①聚乙烯（PE） ②玻璃紙 ③聚氯乙烯（PVC） ④聚丙烯（PP）。

21.（2）米食製品包裝之標示，目前何者不須標明？①製造日期 ②成分百分比 ③保存期限 ④營養指標。

22.（3）不適合微波米食包裝之材料為？①紙容器 ②聚丙烯（PP） ③鋁箔容器 ④玻璃容器。

23.（1）文字印刷最好不要在米食包裝材料之？①最內層 ②最外層 ③中間層 ④無所謂。

24.（3）已超過保存期限的米食製品，應如何處理？①重新包裝 ②更改保存期限 ③回收丟棄 ④不理會繼續販賣。

25.（4）真空透明包裝的米食製品無法防止？①微生物繁殖 ②污染 ③氧化 ④變色。

26.（2）米花糖應？①趁熱包裝 ②冷卻後包裝 ③不需包裝 ④冷凍後包裝。

27.（1）微波加熱之碗粿，下列何種容器不適用？①鋁箔盒 ②瓷碗 ③玻璃碗 ④紙杯。

28.（4）米乳包裝不良時不會影響產品之？①風味 ②質地 ③色澤 ④體積。

29.（1）油飯販售時用何種包裝材料最佳？①紙盒 ②鋁箔盒 ③保麗龍 ④塑膠袋。

30.（3）為防止食米變質，可在包裝內充填何種氣體較佳？①空氣 ②氧氣 ③氮氣 ④二氧化碳。

31.（4）小包裝特級良質米正下方，不需標示？①品種、產地 ②等級、淨重 ③生產年期、碾製日期 ④負責人姓名、住址。

32.（2）依國家衛生法規，下列那一種食品添加物除標示化學名稱外，尚需增加標示其用途？①亞硝酸鈉 ②己二烯酸鉀 ③磷酸鹽類 ④過氧化氫。

33.（1）麻糬販售時，可以何種包裝方式，較容易變形？①真空包裝 ②充氣包裝 ③具格狀包裝盒 ④紙容器。

34.（3）米食製品加工使用下列何種包材具有阻隔水氣及熱封性？①玻璃紙 ②鋁箔紙 ③聚乙烯（PE） ④聚苯乙烯（PS）。

35.（3）最適合米食保溫的包裝材料是？①紙製品 ②鋁箔 ③泡沫塑膠 ④玻璃製品。

36.（4）使用真空包裝的米食製品，在其製程中，下列何者最正確？①熱水浸泡 ②冷卻 ③扭緊袋口並加封 ④袋中抽真空。

37.（4）下列何者不是米食製品排除氧氣的包裝方法？①真空包裝 ②充氮包裝 ③充二氧化碳包裝 ④手動封口機包裝。

38.（4）下列何者不是碗粿真空包裝之優點？①防止污染 ②肉眼可辨識產品 ③防止水分喪失 ④增進特有風味。

39.（4）市售包裝米食製品營養標示的熱量計算依食品安全衛生管理法規定，下列何者錯誤？①蛋白質的熱量以每公克四大卡計算 ②脂肪的熱量以每公克九大卡計算 ③碳水化合物以每公克四大卡計算 ④碳水化合物中的膳食纖維熱量得以每公克零大卡計算。

40.（2）市售包裝米食製品營養標示的熱量計算依食品安全衛生管理法規定，下列何者錯誤？①蛋白質的熱量以每公克四大卡計算 ②脂肪的熱量以每公克四大卡計算 ③

碳水化合物以每公克四大卡計算　④糖醇的熱量得以每公克二・四大卡計算。

41.（2）市售包裝米食製品營養標示之單位依食品安全衛生管理法規定，下列何者錯誤？①固體以公克表示　②液體以公克表示　③熱量以大卡表示　④鈉以毫克表示。

42.（3）市售包裝米食製品營養標示之單位依食品安全衛生管理法規定，下列何者錯誤？①固體以公克表示，液體以毫升表示　②熱量以大卡表示　③蛋白質、脂肪、碳水化合物以毫克表示　④鈉以毫克表示。

43.（1）市售包裝米食製品營養標示之單位依食品衛生管理法規定，下列何者錯誤？①碳水化合物項目須同時標示膳食纖維含量　②脂肪項目須同時標示飽和脂肪與反式脂肪含量　③鈉為必須標示的項目　④維他命 C 不屬於必須標示的項目。

44.（1）市售包裝蘿蔔糕的營養數據之標示規範，下列何者錯誤？①數據的有效數字不超過 2 位　②每份包裝所含的份數以整數標示　③每一份量的熱量以整數或小數點後一位標示　④每一份量的鈉含量以整數標示。

45.（2）冷凍盒裝湯圓的營養標示依食品衛生管理法規定，下列何者正確？①每日營養素攝取量之基準值為必須標示項目　②數據的有效數字不超過 3 位　③各項營養標示值須依檢驗分析的數值標示，不得依計算方式取得的數據標示　④蛋白質的營養標示值誤差允許範圍為 90%～110%。

46.（2）冷凍盒裝炒飯的營養標示項目依食品衛生管理法規定，下列何者不是必須標示的項目？①碳水化合物　②膳食纖維　③鈉　④飽和脂肪。

47.（2）冷凍包裝肉粽之營養標示項目依食品安全衛生管理法規定，下列何者是必須標示的項目？①膳食纖維　②熱量　③礦物質　④維生素。

48.（2）市售罐裝八寶粥依食品安全衛生管理法規定，素食的宣稱標示，下列何者錯誤？①素食的宣稱應細分為純素、蛋素、奶素、奶蛋素、植物五辛素　②含有油蔥的食品可標示為植物五辛素　③「素食可食」的標示宣稱不得使用　④植物五辛指的是蔥、蒜、韭、蕎、興渠。

49.（1）米花糖的成分標示為「膨發米、麥芽、糖、花生、白芝麻、植物油、鹽」，其素食標示宣稱是？①純素　②奶素　③蛋素　④植物五辛素。

50.（4）下列何者不是糕仔崙食品標示的目的？①讓製造商對食品負責　②提供消費者合理的認識與選擇　③保障消費者的權益　④提供消費者議價的資訊。

51.（3）包裝米食製品內容物的標示，下列何者錯誤？①需以中文標示　②應依原料含量由高至低標示　③需標示原料的個別重量　④總重量需以公制標示。

52.（4）包裝米粩製品依食品衛生管理法規定，下列何者不能等同「有效日期」？①有效　②有效日　③有效期限　④賞味期限。

53.（3）包裝米粉絲製品依食品安全衛生管理法規定，下列「有效日期」的標示何者錯誤？①有效100年5月10日　②有效日（月／日／西元年）：05/10/2011　③有效期限（年月日）：2011.May. 10　④有效日期 2011 年 5 月（保存期限 3 個月以上）。

54.（4）市售小包裝在來米粉依食品衛生管理法規定，下列廠商資訊的標示何者非為必要？①名稱　②電話　③地址　④網址。

55.（3）市售小包裝糙米依食品安全衛生管理法規定，食品標示的項目何者不是必須標示的項目？①原產地　②進口食品的進口商資訊　③進口食品的製造商資訊　④有效日期。

56.（2）「品名：冰皮月餅，成分：鹽、糯米粉、糖、麥芽、烏豆沙、素食油，重量：100 公克 / 個，有效日期：101 年 5 月 10 號」，何者標示錯誤？①品名　②成分　③重量　④有效日期。

57.（4）下列何者不是市售冷凍米食製品所使用之聚偏二氯乙烯塗覆聚丙烯（KOP）包裝袋的優點？①阻氣性好　②可以加脫氧包減少袋中氧氣　③阻水性佳　④價格便宜。

58.（1）冰皮月餅的最佳保存方式為？①聚偏二氯乙烯塗覆聚丙烯（KOP）袋子密閉包裝並冷藏保存　②聚乙烯（PE）袋子包裝並冷藏保存　③聚乙烯（PE）袋子包裝並冷凍保存　④聚偏二氯乙烯塗覆聚丙烯（KOP）袋子密閉包裝並室溫保存。

工作項目 06：中式米製食品品質評定

1. （3） 用感官判定米漿的粗細，一般係用？①舌頭嚐 ②鼻子聞 ③手指搓 ④眼睛看。
2. （3） 決定米乳品質最不相關的是？①風味 ②口感 ③容器 ④外觀。
3. （3） 下列何者屬於米食產品內部品質特性？①體積 ②裝飾 ③質地 ④外觀。
4. （4） 年糕製作時，加熱溫度與時間會影響？①外表品質 ②內部品質 ③體積 ④外表品質、內部品質、體積均會影響。
5. （1） 米食製品品質的評定是以下列何者最為實用？①感官品評 ②顯微鏡觀察 ③化學分析 ④物性分析。
6. （4） 米食製品品質之評定不必注意？①組織 ②外型 ③色澤 ④溫度。
7. （2） 米食製品冷藏保存溫度範圍應在？① 0℃以下 ② 0 ～ 7℃ ③ 15 ～ 20℃ ④ 20℃以上。
8. （4） 米食製品以何種方式評定最佳？①廠長本人決定 ②老師傅決定 ③品管人員決定 ④由多人組成感官品評小組決定。
9. （2） 白米飯變硬是由於？①澱粉糊化 ②澱粉老化 ③油脂氧化 ④蛋白質變化。
10. （4） 米粉絲之品質要好，其所使用之條件何者較不重要？①米原料 ②擠壓技術 ③蒸煮方式 ④擠出孔大小。
11. （1） 蘿蔔糕之品質決定條件是？①米原料 ②添加防腐劑 ③添加豬油 ④糖量。
12. （3） 有關八寶粥的品質要求，下列何者不正確？①不得有焦黑現象 ②具黏稠口感 ③紅豆、綠豆不應裂開 ④具甜味。
13. （4） 有關碗粿的品質要求，下列何者不正確？①表面平坦不凹陷 ②外表有光澤 ③口味純正無異味 ④內部質地堅硬。
14. （1） 有關米花糖的品質要求，下列何者不正確？①質地堅硬 ②膨發均勻 ③具膨發米香、無異味 ④色澤均勻。
15. （3） 有關蘿蔔糕的品質要求，下列何者不正確？①表面平坦不凹陷 ②外表有光澤 ③內部質地孔隙多 ④口味純正無異味。
16. （2） 有關米粉絲的品質要求，下列何者不正確？①表面光滑均勻 ②外表上可看出很多小氣泡 ③水煮時溶出物少 ④水煮後彈性佳。
17. （3） 米苔目之品質評定，下列何者較不需考慮？①色澤 ②質地 ③重量 ④口感。
18. （3） 碗粿之品質評定，下列何者較不需考慮？①色澤 ②質地 ③體積大小 ④口感。
19. （4） 鹼粽中不可添加？①鹼粉 ②磷酸鹽 ③食鹽 ④硼砂。
20. （2） 鹼粽呈黃色是因為？①梅納反應 ②加鹼粉 ③加黃色色素 ④糙米顏色。
21. （1） 下列何種米食製品於食用時適合蒸煮方式複熱？①碗粿 ②豬油糕 ③麻糬 ④鳳片糕。

22.（1） 有關鳳片糕的品質要求，下列何者不正確？①具粗砂粒口感 ②色澤均勻 ③軟硬適中 ④具清淡香味。

23.（1） 有關糕仔崙的品質要求，下列何者不正確？①質地堅硬 ②色澤均勻 ③外形平坦無水痕 ④口味純正。

24.（4） 米乳製作時加入炒香的花生，不能增加？①色澤 ②口味 ③香味 ④防腐效果 。

25.（3） 米粉絲的品質要求，下列何者較不正確？①良好的口感 ②粗細一致 ③黏牙 ④不易斷裂。

26.（2） 芋頭糕的品質要求，下列何者較不正確？①色澤均勻 ②表面龜裂 ③內部組織細密 ④口感及風味佳。

27.（2） 雪片糕的品質要求，下列何者較不正確？①成形性佳 ②質地堅硬 ③色澤均勻 ④口感及風味佳。

28.（3） 蘿蔔糕的內部品質，下列何者較佳？①軟 ②硬 ③軟硬適中而具彈性 ④黏。

29.（3） 油飯的品質要求，下列何者較不正確？①飯粒完整 ②配料分布均勻 ③黏性愈強愈佳 ④外觀色澤光亮。

30.（1） 蒸的台式肉粽剝開時，如有黏液及異味，表示？①已變質 ②配料使用不當 ③蒸煮太久 ④純屬自然現象。

31.（2） 鳳片糕的品質要求，下列何者較不正確？①成形性佳 ②質地堅硬 ③軟硬適中 ④風味溫和。

32.（4） 紅龜粿的品質要求，下列何者較不正確？①大小均一 ②爽口不黏牙 ③色澤均勻 ④餡可外露。

33.（3） 有關筒仔米糕的品質要求，下列何者較正確？①質地堅硬 ②有焦味 ③米粒熟透 ④表面凹陷。

34.（4） 有關碗粿的品質要求，下列何者較正確？①表面凹陷 ②內部質地堅硬 ③內部質地孔隙多 ④內部質地軟硬適中。

35.（1） 有關紅龜粿的品質要求，下列何者較正確？①大小均一 ②顏色愈紅愈好 ③餡要外露 ④黏牙的口感。

36.（3） 有關糕仔崙和鳳片糕的內部品質要求，下列何者較正確？①質地都要軟爛 ②質地都要硬 ③糕仔崙要鬆軟，鳳片糕要軟而具彈性 ④糕仔崙要堅硬，鳳片糕要軟。

37.（1） 寧波年糕正常的色澤是？①白色 ②灰白 ③淡黃 ④灰色。

38.（3） 用全米（100％）製作的米粉絲，其色澤？①較白 ②較褐 ③較黃 ④較紅。

39.（2） 有關糯米腸的品質要求，下列何者不正確？①原料均勻分布 ②米粒呈均勻的碎米狀態 ③具有蒸煮米香、無異味 ④粗細均一。

40.（2） 炒飯的品質最不重要的是？①米飯的品質 ②配料的多寡 ③調味的技術 ④火力大小。

41.（3） 湯圓應具之品質下列何者為非？①大小均一 ②具柔韌感 ③具硬實感 ④不黏牙。

42.（4） 米食製品之品質不須注意？①熟度均一 ②外觀平整 ③適當之口感 ④室內溫度。

43.（2） 米食製品應具有？①焦糖味 ②米香味 ③黴味 ④水果味。

44.（3）麻糬應具有下列何種品質？①硬實感 ②黏牙感 ③軟而有彈性 ④潮濕感。

45.（2）下列何種米食製品食用時適合油炸或油煎之特性？①豬油糕 ②蘿蔔糕 ③雪片糕 ④鳳片糕。

46.（4）粿粽蒸好後爆裂之原因與下列何者較無關？①蒸的火太大 ②蒸過度 ③糯米量太多 ④粽繩材質。

47.（4）何者較不會影響鳳片糕之品質？①糖漿 ②糕粉品質 ③製作技術 ④蒸籠。

48.（4）何者不會影響糕仔崙之品質？①發酵糖 ②糕粉品質 ③製作技術 ④加水量。

49.（4）九層粿切片後有層次分離現象與何者無關？①火力不均勻 ②米漿濃度不一 ③蒸太久 ④容器種類。

50.（1）影響稻米品質最大的因素為？①品種 ②產地 ③栽培方法 ④氣象。

51.（3）益全香米會呈現何種香味？①地瓜 ②蒜頭 ③芋頭 ④花香。

52.（3）食用下列何種米易脹氣？①秈米 ②稉米 ③糯米 ④秈米與稉米。

53.（4）下列何者最不適作為米食製品品質鑑定的依據？①製成率 ②外觀 ③質地 ④價格。

54.（3）製作良好的菜包粿，其特徵為？①質地軟爛 ②皮餡具流動性 ③挺立有彈性 ④皮糜爛汁多。

55.（2）品質優良的米苔目，不可有下列何種情形？①表面光滑 ②煮時易斷裂 ③有適當韌性 ④有適當耐煮性。

56.（1）品質優良的糯米腸，不可有下列何種情形？①米粒糜爛，易消化 ②外型飽滿 ③米粒具韌性 ④腸衣完整。

57.（4）下列何者不是年糕應有的品質？①外型平整 ②有光澤 ③質地柔韌細軟 ④切片有均勻分佈的裂紋。

58.（1）下列何者不是良好雪片糕應有的品質？①切片有均勻分佈的裂紋 ②色白 ③外表光潔平整 ④切薄片彎曲後不易斷裂。

59.（3）下列何者非良好發粿（發糕）應有的品質？①表面有 3 瓣或以上的均勻裂痕 ②質地鬆軟不黏牙 ③中央有流動性米漿 ④外表漲的很大。

60.（4）米食製品的品質評定，不適用下列何種方式？①感官品評 ②外觀品質 ③內部品質 ④用手觸摸。

61.（3）超商販售之米飯糰，強調可貯存於 18℃而不是 4℃之原因為？①可抑制微生物生長 ②可抑制風味 ③較不易回凝 ④可延緩油脂氧化酸敗。

62.（3）以 20％米穀粉取代麵粉製作饅頭時，何者具有較軟之質地？①秈米 ②稉米 ③糯米 ④沒有差異。

63.（2）與白米飯比較，其糙米飯較？①濕軟 ②乾硬 ③黏 ④偏白。

64.（3）蘿蔔糕太過於軟，無法切片之原因最不可能為？①水比例過高 ②米漿預糊化不足 ③蘿蔔使用量不足 ④蒸過久。

65.（3）粿粽蒸好後爆裂之原因不包括？①粽繩綁太緊 ②漿糰量太多 ③蒸煮時間不足 ④火候太大。

66.（2）冷凍芝麻湯圓貯存後易產生龜裂之原因最不可能為？①生粉與預糊化粉保水能力不同 ②芝麻餡的油脂滲出 ③冷凍庫溫度跳動 ④自由水產生冰晶。

67.（1）以胚芽米製作米漿時，其產品黏度較傳統者為？①低 ②高 ③一樣 ④不一定。

68.（2）蒸穀米（Parboiled rice）的營養價值比白米佳，主要原因為何？①胚芽中之營養素移至米糠層 ②米糠層中之營養素移至胚乳 ③胚乳中之營養素移至胚芽 ④胚乳中之營養素移至米糠層。

69.（3）有關胚芽米的敘述，下列何者錯誤？①胚芽米含維生素 B1，是預防腳氣病的重要營養成分 ②胚芽米維生素 E 的含量比白米高 ③胚芽米是指糙米除去米糠及胚乳後保留胚芽的米 ④胚芽米的纖維素含量比白米高。

70.（4）八寶粥之黏稠性主要來自於？①紅豆 ②桂圓肉 ③糖 ④圓糯米。

71.（1）添加黑米製作八寶粥時，粥品顏色較深的主要原因？①黑米色素溶出 ②梅納反應 ③酵素褐變反應 ④黑米與糖結合。

72.（3）以等量之黑米取代圓糯米製作八寶粥時，與傳統者比較，含量不變者為？①花青素 ②膳食纖維 ③糖 ④維生素 E。

73.（4）黑米精白後之米粒呈？①黑色 ②紫色 ③紅色 ④白色。

74.（2）廣式廣東粥與台式海鮮粥比較，前者粥體？①米粒較為完整 ②無完整米粒 ③與後者一致、無差別 ④無一定趨勢。

75.（3）下列何者為發糕未膨脹之可能原因？①忘記添加水 ②忘記添加糖 ③忘記添加發粉 ④忘記添加麵粉。

76.（1）製作碗粿時添加澱粉之主要目的為？①改善膠體質地 ②使產品表面光滑 ③提高白度 ④增加風味。

77.（3）糕仔崙收縮嚴重之可能原因為？①糕仔糖太少 ②熟蓬萊米粉用量過高 ③蒸炊過久 ④蒸炊不足。

78.（3）下列何者不是良好豬油糕應有的品質？①印紋清楚 ②大小一致 ③切薄片彎曲後不易斷裂 ④成型性良好不易潰散。

79.（4）常見於甜年糕之缺點不包括？①水漬嚴重 ②產品未熟 ③無法成型 ④嚴重收縮。

80.（2）芋粿巧蒸後口感粘、質地軟、形狀不佳之可能原因為？①蒸的時間過久 ②僅使用糯米 ③僅使用在來米 ④芋頭未熟。

81.（1）芋頭糕與芋粿巧之主要差別在於？①芋頭糕宜以在來米製作 ②芋粿巧僅以在來米製作 ③芋頭糕不需預糊化 ④芋粿巧需要預糊化。

82.（3）感官品評麻糬之項目不包括？①軟硬度 ②色澤 ③防腐劑 ④香味。

83.（4）米食製品感官品評之評定不包括？①風味 ②質地 ③外觀 ④價格。

84.（1）下列何者為發糕應有之品質？①表面應有 3 瓣或以上的均勻裂痕 ②質地堅硬 ③中央有流動性米漿 ④成品需高出模具 10 公分以上。

85.（2）冰皮月餅之品質要求，下列何者錯誤？①產品壓紋清晰 ②產品外型式樣有 20% 以上不完整 ③無異味 ④色澤均勻。

工作項目 07：中式米製食品貯存

1. （3） 糕粉的貯存環境宜？①溫度高於 30℃ ②陰暗潮濕 ③乾燥陰涼 ④無所謂。
2. （1） 米花糖貯存時，其本身水份條件在？① 10% ② 20% ③ 30% ④ 40%。
3. （1） 米原料貯存期最長的貯存形態是？①稻穀 ②糙米 ③白米 ④米穀粉。
4. （4） 米食製品副原料中那一類的衛生安全須特別留意？①香辛料 ②蜜餞 ③乾果 ④生鮮魚貝類。
5. （2） 米食製品貯存不當時，下列何種敘述較不正確？①會有微生物生長 ②品質不變 ③販賣期限減短 ④可能有不良的氣味。
6. （3） 米食製品變硬老化，以何種貯存狀態下最快發生？①冷凍 ②常溫 ③冷藏 ④高溫。
7. （4） 何種米原料製作之產品較易老化？①長糯米 ②圓糯米 ③蓬萊米 ④在來米。
8. （4） 何種貯存溫度最易使碗粿變壞？① -20℃ ② 0℃ ③ 10℃ ④ 25℃。
9. （3） 蘿蔔糕若要延長貯存期限，宜用下列何種方式？①添加防腐劑 ②真空包裝 ③冷藏 ④使用過氧化氫。
10. （3） 米食製品冷凍的溫度通常是指在多少度以下？① 4℃ ② 0℃ ③ -18℃ ④ -70℃。
11. （3） 油炸的米食製品，其貯存條件應選擇？①高溫、陽光直射 ②高溫潮濕 ③陰冷、乾燥 ④高溫、乾燥。
12. （4） 不影響米食製品貯存期限的因素為？①溫度 ②濕度 ③光線 ④包裝大小。
13. （2） 最易使米食製品變硬老化之溫度為？① -10℃ ② 4℃ ③ 18℃ ④室溫。
14. （4） 為了延長米食製品貯存期限，下列對策何者無效？①選擇米的品種 ②添加合法防腐劑 ③注重包裝材質 ④改變包裝大小。
15. （4） 米花糖在貯存期間最不容易發生品質劣化的項目是？①油脂氧化 ②色澤變化 ③重量減輕 ④微生物毒素。
16. （2） 為了延長米食製品貯存期限，有關包裝材料之選擇原則，下列敘述何者較不正確？①視產品種類而異 ②愈便宜愈好 ③視貯存時間長短而定 ④安全性、衛生性。
17. （2） 米食製品以真空包裝貯存時，應特別注意下列何種微生物之繁殖？①黴菌 ②肉毒桿菌 ③酵母菌 ④大腸桿菌。
18. （1） 18℃之便當販售時間約？① 1 天 ② 1 星期 ③ 1 個月 ④半年。
19. （3） 下列何種米食製品不會再有老化現象之產生？①蘿蔔糕 ②芋頭糕 ③米花糖 ④碗粿。
20. （4） 欲延長米食製品在室溫之貯存時間可？①添加防腐劑 ②添加乳化劑 ③添加色素 ④殺菌處理。
21. （3） 未經包裝之米食製品在何種場所最易受污染？①工廠內 ②超級市場 ③傳統菜市場 ④家庭中。
22. （3） 紅龜粿為了延緩硬化可在表面？①沾糕仔粉 ②塗（刷）食用紅色素 ③塗（刷）食用油 ④塗（刷）糖漿。

23.（4） 麻糬為了延長貯存期限可在漿糰內加？①糕仔粉 ②太白粉 ③麵粉 ④油脂。
24.（1） 何種原料米製作之產品比較不易老化？①圓糯米 ②長糯米 ③在來米 ④蓬萊米。
25.（4） 何種米食製品在室溫下可貯存較久？①八寶飯 ②蘿蔔糕 ③紅龜粿 ④雪片糕。
26.（1） 影響米食製品貯存期限的因素很多，最重要的應為？①衛生條件 ②包裝材料 ③貯存條件 ④添加物。
27.（4） 米食製品貯存的溫度以下列何者為佳？①冷凍 ②冷藏 ③常溫 ④視產品而定。
28.（4） 年糕的品質變劣，難以下列何者來判定？①變味 ②發霉 ③硬化 ④產品溫度。
29.（2） 米食蒸熟尚未冷卻即用塑膠袋包裝？①可延長貯存期限 ②因產生冷凝水而容易變壞 ③可保持風味 ④可保存營養。
30.（4） 一般市售白米貯存於？① -4℃ ② 4℃ ③ 20℃ ④室溫乾燥處。
31.（1） 室溫貯存時，米粉絲水分要在多少％以下？① 14％ ② 20％ ③ 25％ ④ 30％。
32.（4） 米食製品的貯存條件以何者為宜？①高溫 ②低溫 ③室溫 ④視產品種類而異。
33.（4） 米食製品貯存得當時，下列何種敘述不正確？①不會有不良風味 ②販賣期間可以延長 ③不會有病原菌生長 ④貯存愈久品質愈佳。
34.（2） 紅龜粿在貯存期間不易硬化的主要原因是含有多量？①直鏈澱粉 ②支鏈澱粉 ③蛋白質 ④油脂。
35.（3） 下列那一項與米食製品貯存期間的品質變化較無關係？①光線 ②酸度 ③脆度 ④水分。
36.（4） 欲延長米食製品之貯存期限何者是錯的？①冷藏 ②降低水份 ③適當包裝 ④使用防腐劑。
37.（1） 何種原料米製作之米食製品比較不容易老化？①圓糯米 ②長糯米 ③在來米 ④蓬萊米。
38.（2） 下列何種米食製品於室溫下貯存的期限最短？①鳳片糕 ②蘿蔔糕 ③年糕 ④雪片糕。
39.（3） 下列何種米食製品貯存時較易氧化變質？①湯圓 ②蘿蔔糕 ③米花糖 ④肉粽。
40.（4） 下列何種原料，可使年糕延長貯存期，又增加柔軟度？①在來米粉 ②食鹽 ③焦糖色素 ④食用油脂。
41.（4） 原料米貯存，最不適條件為？①陰涼處 ②乾燥處 ③溫度低處 ④艷陽下。
42.（2） 夏天浸泡原料米，為防止浸泡過度與發酸，需避免？①縮短浸泡時間 ②煮沸殺菌 ③加冰水 ④放入冷藏庫。
43.（1） 糕仔粉貯存，不適條件為？①乾燥溫熱處 ②陰涼處 ③冷藏 ④乾燥處。
44.（4） 米食製品的貯存條件應？①乾燥處 ②冷藏 ③陰涼處 ④依產品種類而定。
45.（2） 下列哪一種米食製品水活性最低？①元宵 ②米花糖 ③鹼粽 ④碗粿。
46.（1） 下列哪一種米食製品水活性最高？①蘿蔔糕 ②米花糖 ③元宵 ④雪片糕。
47.（1） 元宵、湯圓製作不良，冷凍保存時會有何種不良現象產生？①龜裂 ②彈性增加 ③柔軟度增加 ④餡量減少。
48.（3） 熟粉類米食，為了增加保存期限，在包裝時不適？①加入乾燥劑 ②加入脫氧劑 ③充 CO_2 氣體 ④加入乾燥劑及脫氧劑。
49.（2） 下列那一種米食製品水活性最低？①紅龜粿 ②米花糖 ③八寶粥 ④油飯。

50.（3） 米花糖比較容易發生氧化酸敗現象，其原因是？①含較多澱粉 ②水活性較低 ③含較多不飽和脂肪酸 ④含較多氨基酸。

51.（4） 芋頭糕在 4℃貯存，造成品質劣化的最主要原因是？①氧化酸敗 ②營養成分流失 ③脫水 ④腐敗菌繁殖。

52.（2） 下列那一種米食製品不宜保存於室溫的環境下？①鳳片糕 ②菜包粿 ③八寶粥罐頭 ④米花糖。

53.（1） 下列那一種米食製品必須以冷凍低溫才可保存一個月以上？①海鮮粥 ②乾米粉絲 ③雪片糕 ④糕仔崙。

54.（1） 真空包裝的糯米腸須保存在？① 0 ～ 4℃ ② 10 ～ 14℃ ③ 20 ～ 24℃ ④ 30 ～ 34℃。

55.（4） 長時間儲存或儲存環境不良，米粒不會發生下列何種品質下降？①變黃 ②失去光澤 ③煮成米飯時的黏度降低 ④組織變軟，吸水性降低。

56.（3） 糕仔崙與下列那一種米食製品的保存方式相近？①炒飯 ②蘿蔔糕 ③豬油糕 ④寧波年糕。

57.（3） 米食製品材料倉庫屬於？①清潔作業區 ②準清潔作業區 ③一般作業區 ④非食品處理區。

58.（1） 米食製品成品貯存場屬於？①清潔作業區 ②準清潔作業區 ③一般作業區 ④非食品處理區。

59.（4） 米食製品成品倉庫出貨不宜採用下列何種方式？①先進先出 ②有出貨對象紀錄 ③有出貨時間紀錄 ④前門貨先出。

60.（2） 米食製品變硬老化，以何種貯存溫度下最快發生？① 0℃以下 ② 2 ～ 4℃ ③ 60℃～ 70℃ ④ 80℃～ 100℃。

61.（4） 下列那一種米食製品在常溫貯存時，最易品質劣化？①米花糖 ②豬油糕 ③米粩 ④筒仔米糕。

62.（3） 無菌化包裝米飯（Aseptic Packaged Cooked Rice），可以下列何種最低成本方式貯存？①冷凍 ②冷藏 ③常溫 ④高溫。

63.（4） 白米的最適保存溫度及保存期，下列敘述何者不正確？①以真空包裝在室溫保存期限 5 個月 ②一般小包裝者在室溫保存期限夏季為一個月 ③一般小包裝者在室溫保存期限冬季為二個月 ④充二氧化碳包裝在室溫保存期限為八個月。

64.（3） 米穀粉貯藏之理想濕度為？① 10 ～ 20% ② 30 ～ 40% ③ 55 ～ 65% ④ 90 ～ 100%。

65.（1） 八寶粥罐頭能耐久藏，不是因為下列何種因素？①添加防腐劑 ②高溫殺菌 ③包裝方式 ④常溫流通。

66.（2） 市售海鮮粥常以何種方式作常溫保存？①生鮮 ②冷凍乾燥 ③水煮 ④油炸。

67.（4） 雪片糕蒸出後，須冷卻至多少℃以下才可包裝保存？① 60℃ ② 50℃ ③ 40℃ ④ 30℃。

68.（3） 下列何者非稻米在儲藏期間的變化？①米粒黃變失去光澤 ②小蟲的發生 ③澱粉糊化 ④酵素活性逐漸下降。

69.（4） 粽子如擬產銷全國，為確保品質，宜選擇何種保存方式？①添加防腐劑 ②常溫販售 ③冷藏販售 ④冷凍販售。

二、共通科目試題

90006 職業安全衛生共同科目 不分級

工作項目：職業安全衛生

1. (2) 對於核計勞工所得有無低於基本工資，下列敘述何者有誤？ ①僅計入在正常工時內之報酬 ②應計入加班費 ③不計入休假日出勤加給之工資 ④不計入競賽獎金。
2. (3) 下列何者之工資日數得列入計算平均工資？ ①請事假期間 ②職災醫療期間 ③發生計算事由之前 6 個月 ④放無薪假期間。
3. (1) 下列何者，非屬法定之勞工？ ①委任之經理人 ②被派遣之工作者 ③部分工時之工作者 ④受薪之工讀生。
4. (4) 以下對於「例假」之敘述，何者有誤？ ①每 7 日應休息 1 日 ②工資照給 ③出勤時，工資加倍及補休 ④須給假，不必給工資。
5. (4) 勞動基準法第 84 條之 1 規定之工作者，因工作性質特殊，就其工作時間，下列何者正確？ ①完全不受限制 ②無例假與休假 ③不另給予延時工資 ④ 勞雇間應有合理協商彈性。
6. (3) 依勞動基準法規定，雇主應置備勞工工資清冊並應保存幾年？ ① 1 年 ② 2 年 ③ 5 年 ④ 10 年。
7. (4) 事業單位僱用勞工多少人以上者，應依勞動基準法規定訂立工作規則？ ① 200 人 ② 100 人 ③ 50 人 ④ 30 人。
8. (3) 依勞動基準法規定，雇主延長勞工之工作時間連同正常工作時間，每日不得超過多少小時？ ① 10 ② 11 ③ 12 ④ 15。
9. (4) 依勞動基準法規定，下列何者屬不定期契約？ ①臨時性或短期性的工作 ②季節性的工作 ③特定性的工作 ④有繼續性的工作。
10. (1) 事業單位勞動場所發生死亡職業災害時，雇主應於多少小時內通報勞動檢查機構？ ① 8 ② 12 ③ 24 ④ 48。
11. (1) 事業單位之勞工代表如何產生？ ①由企業工會推派之 ②由產業工會推派之 ③由勞資雙方協議推派之 ④由勞工輪流擔任之。
12. (4) 職業安全衛生法所稱有母性健康危害之虞之工作，不包括下列何種工作型態？ ①長時間站立姿勢作業 ②人力提舉、搬運及推拉重物 ③輪班及夜間工作 ④駕駛運輸車輛。
13. (1) 職業安全衛生法之立法意旨為保障工作者安全與健康，防止下列何種災害？ ①職業災害 ②交通災害 ③公共災害 ④天然災害。
14. (3) 依職業安全衛生法施行細則規定，下列何者非屬特別危害健康之作業？ ① 噪音作業 ②游離輻射作業 ③會計作業 ④粉塵作業。
15. (3) 從事於易踏穿材料構築之屋頂修繕作業時，應有何種作業主管在場執行主管業務？ ①施工架組配 ②擋土支撐組配 ③屋頂 ④模板支撐。
16. (1) 對於職業災害之受領補償規定，下列敘述何者正確？ ①受領補償權，自得受領之日起，因 2 年間不行使而消滅 ②勞工若離職將喪失受領補償 ③勞工得將受領補償權讓與、抵銷、扣押或擔保 ④須視雇主確有過失責任，勞工方具有受領補償權。

17.（4）以下對於「工讀生」之敘述，何者正確？ ①工資不得低於基本工資之 80% ②屬短期工作者，加班只能補休 ③每日正常工作時間不得少於 8 小時 ④國定假日出勤，工資加倍發給。

18.（3）經勞動部核定公告為勞動基準法第 84 條之 1 規定之工作者，得由勞雇雙方另行約定之勞動條件，事業單位仍應報請下列哪個機關核備？ ①勞動檢查機構 ②勞動部 ③當地主管機關 ④法院公證處。

19.（3）勞工工作時右手嚴重受傷，住院醫療期間公司應按下列何者給予職業災害補償？ ①前 6 個月平均工資 ②前 1 年平均工資 ③原領工資 ④基本工資。

20.（2）勞工在何種情況下，雇主得不經預告終止勞動契約？ ①確定被法院判刑 6 個月以內並諭知緩刑超過 1 年以上者 ②不服指揮對雇主暴力相向者 ③經常遲到早退者 ④非連續曠工但 1 個月內累計達 3 日以上者。

21.（3）對於吹哨者保護規定，下列敘述何者有誤？ ①事業單位不得對勞工申訴人終止勞動契約 ②勞動檢查機構受理勞工申訴必須保密 ③為實施勞動檢查，必要時得告知事業單位有關勞工申訴人身分 ④任何情況下，事業單位都不得有不利勞工申訴人之行為。

22.（4）勞工發生死亡職業災害時，雇主應經以下何單位之許可，方得移動或破壞現場？ ①保險公司 ②調解委員會 ③法律輔助機構 ④勞動檢查機構。

23.（4）職業安全衛生法所稱有母性健康危害之虞之工作，係指對於具生育能力之女性勞工從事工作，可能會導致的一些影響。下列何者除外？ ①胚胎發育 ②妊娠期間之母體健康 ③哺乳期間之幼兒健康 ④經期紊亂。

24.（3）下列何者非屬職業安全衛生法規定之勞工法定義務？ ①定期接受健康檢查 ②參加安全衛生教育訓練 ③實施自動檢查 ④遵守安全衛生工作守則。

25.（2）下列何者非屬應對在職勞工施行之健康檢查？ ①一般健康檢查 ②體格檢查 ③特殊健康檢查 ④特定對象及特定項目之檢查。

26.（4）下列何者非為防範有害物食入之方法？ ①有害物與食物隔離 ②不在工作場所進食或飲水 ③常洗手、漱口 ④穿工作服。

27.（1）有關承攬管理責任，下列敘述何者正確？ ①原事業單位交付廠商承攬，如不幸發生承攬廠商所僱勞工墜落致死職業災害，原事業單位應與承攬廠商負連帶補償責任 ②原事業單位交付承攬，不需負連帶補償責任 ③承攬廠商應自負職業災害之賠償責任 ④勞工投保單位即為職業災害之賠償單位。

28.（4）依勞動基準法規定，主管機關或檢查機構於接獲勞工申訴事業單位違反本法及其他勞工法令規定後，應為必要之調查，並於幾日內將處理情形，以書面通知勞工？ ① 14 ② 20 ③ 30 ④ 60。

29.（4）依職業安全衛生教育訓練規則規定，新僱勞工所接受之一般安全衛生教育訓練，不得少於幾小時？ ① 0.5 ② 1 ③ 2 ④ 3。

30.（2）職業災害勞工保護法之立法目的為保障職業災害勞工之權益，以加強下列何者之預防？ ①公害 ②職業災害 ③交通事故 ④環境汙染。

31. （3）我國中央勞工行政主管機關為下列何者？ ①內政部 ②勞工保險局 ③勞動部 ④經濟部。

32. （4）對於勞動部公告列入應實施型式驗證之機械、設備或器具，下列何種情形不得免驗證？ ①依其他法律規定實施驗證者 ②供國防軍事用途使用者 ③輸入僅供科技研發之專用機 ④輸入僅供收藏使用之限量品。

33. （4）對於墜落危險之預防設施，下列敘述何者較為妥適？ ①在外牆施工架等高處作業應盡量使用繫腰式安全帶 ②安全帶應確實配掛在低於足下之堅固點 ③高度 2m 以上之邊緣之開口部分處應圍起警示帶 ④高度 2m 以上之開口處應設護欄或安全網。

34. （3）下列對於感電電流流過人體的現象之敘述何者有誤？ ①痛覺 ②強烈痙攣 ③血壓降低、呼吸急促、精神亢奮 ④顏面、手腳燒傷。

35. （2）下列何者非屬於容易發生墜落災害的作業場所？ ①施工架 ②廚房 ③屋頂 ④梯子、合梯。

36. （1）下列何者非屬危險物儲存場所應採取之火災爆炸預防措施？ ①使用工業用電風扇 ②裝設可燃性氣體偵測裝置 ③使用防爆電氣設備 ④標示「嚴禁煙火」。

37. （3）雇主於臨時用電設備加裝漏電斷路器，可避免下列何種災害發生？ ①墜落 ②物體倒塌；崩塌 ③感電 ④被撞。

38. （3）雇主要求確實管制人員不得進入吊舉物下方，可避免下列何種災害發生？ ①感電 ②墜落 ③物體飛落 ④被撞。

39. （1）職業上危害因子所引起的勞工疾病，稱為何種疾病？ ①職業疾病 ②法定傳染病 ③流行性疾病 ④遺傳性疾病。

40. （4）事業招人承攬時，其承攬人就承攬部分負雇主之責任，原事業單位就職業災害補償部分之責任為何？ ①視職業災害原因判定是否補償 ②依工程性質決定責任 ③依承攬契約決定責任 ④仍應與承攬人負連帶責任。

41. （2）預防職業病最根本的措施為何？ ①實施特殊健康檢查 ②實施作業環境改善 ③實施定期健康檢查 ④實施僱用前體格檢查。

42. （1）以下為假設性情境：「在地下室作業，當通風換氣充分時，則不易發生一氧化碳中毒或缺氧危害」，請問「通風換氣充分」係指「一氧化碳中毒或缺氧危害」之何種描述？ ①風險控制方法 ②發生機率 ③危害源 ④風險。

43. （1）勞工為節省時間，在未斷電情況下清理機臺，易發生哪種危害？ ①捲夾感電 ②缺氧 ③墜落 ④崩塌。

44. （2）工作場所化學性有害物進入人體最常見路徑為下列何者？ ①口腔 ②呼吸道 ③皮膚 ④眼睛。

45. （3）於營造工地潮濕場所中使用電動機具，為防止感電危害，應於該電路設置何種安全裝置？ ①閉關箱 ②自動電擊防止裝置 ③高感度高速型漏電斷路器 ④高容量保險絲。

46. （3）活線作業勞工應佩戴何種防護手套？ ①棉紗手套 ②耐熱手套 ③絕緣手套 ④防振手套。

47. （4）下列何者非屬電氣災害類型？ ①電弧灼傷 ②電氣火災 ③靜電危害 ④雷電閃爍。

48.（3）下列何者非屬電氣之絕緣材料？ ①空氣 ②氟、氯、烷 ③漂白水 ④絕緣油。

49.（3）下列何者非屬於工作場所作業會發生墜落災害的潛在危害因子？ ①開口未設置護欄 ②未設置安全之上下設備 ③未確實戴安全帽 ④屋頂開口下方未張掛安全網。

50.（4）我國職業災害勞工保護法，適用之對象為何？ ①未投保健康保險之勞工 ②未參加團體保險之勞工 ③失業勞工 ④未加入勞工保險而遭遇職業災害之勞工。

51.（2）在噪音防治之對策中，從下列哪一方面著手最為有效？ ①偵測儀器 ②噪音源 ③傳播途徑 ④個人防護具。

52.（4）勞工於室外高氣溫作業環境工作，可能對身體產生熱危害，以下何者為非？ ①熱衰竭 ②中暑 ③熱痙攣 ④痛風。

53.（2）勞動場所發生職業災害，災害搶救中第一要務為何？ ①搶救材料減少損失 ②搶救罹災勞工迅速送醫 ③災害場所持續工作減少損失 ④ 24 小時內通報勞動檢查機構。

54.（3）以下何者是消除職業病發生率之源頭管理對策？ ①使用個人防護具 ②健康檢查 ③改善作業環境 ④多運動。

55.（1）下列何者非為職業病預防之危害因子？ ①遺傳性疾病 ②物理性危害 ③人因工程危害 ④化學性危害。

56.（3）對於染有油污之破布、紙屑等應如何處置？ ①與一般廢棄物一起處置 ②應分類置於回收桶內 ③應蓋藏於不燃性之容器內 ④無特別規定，以方便丟棄即可。

57.（3）下列何者非屬使用合梯，應符合之規定？ ①合梯應具有堅固之構造 ②合梯材質不得有顯著之損傷、腐蝕等 ③梯腳與地面之角度應在 80 度以上 ④有安全之防滑梯面。

58.（4）下列何者非屬勞工從事電氣工作，應符合之規定？ ①使其使用電工安全帽 ②穿戴絕緣防護具 ③停電作業應檢電掛接地 ④穿戴棉質手套絕緣。

59.（3）為防止勞工感電，下列何者為非？ ①使用防水插頭 ②避免不當延長接線 ③設備有金屬外殼保護即可免裝漏電斷路器 ④電線架高或加以防護。

60.（3）電氣設備接地之目的為何？ ①防止電弧產生 ②防止短路發生 ③防止人員感電 ④防止電阻增加。

61.（2）不當抬舉導致肌肉骨骼傷害，或工作點 / 坐具高度不適導致肌肉疲勞之現象，可稱之為下列何者？ ①感電事件 ②不當動作 ③不安全環境 ④被撞事件。

62.（3）使用鑽孔機時，不應使用下列何護具？ ①耳塞 ②防塵口罩 ③棉紗手套 ④護目鏡。

63.（1）腕道症候群常發生於下列何種作業？ ①電腦鍵盤作業 ②潛水作業 ③堆高機作業 ④第一種壓力容器作業。

64.（3）若廢機油引起火災，最不應以下列何者滅火？ ①厚棉被 ②砂土 ③水 ④乾粉滅火器。

65.（1）對於化學燒傷傷患的一般處理原則，下列何者正確？ ①立即用大量清水沖洗 ②傷患必須臥下，而且頭、胸部須高於身體其他部位 ③於燒傷處塗抹油膏、油脂或發酵粉 ④使用酸鹼中和。

66.（2）下列何者屬安全的行為？ ①不適當之支撐或防護 ②使用防護具 ③不適當之警告裝置 ④有缺陷的設備。

67.（4）下列何者非屬防止搬運事故之一般原則？ ①以機械代替人力 ②以機動車輛搬運 ③

採取適當之搬運方法 ④儘量增加搬運距離。

68. (3) 對於脊柱或頸部受傷患者，下列何者非為適當處理原則？ ①不輕易移動傷患 ②速請醫師 ③如無合用的器材，需 2 人作徒手搬運 ④向急救中心聯絡。

69. (3) 防止噪音危害之治本對策為何？ ①使用耳塞、耳罩 ②實施職業安全衛生教育訓練 ③消除發生源 ④實施特殊健康檢查。

70. (1) 進出電梯時應以下列何者為宜？ ①裡面的人先出，外面的人再進入 ②外面的人先進去，裡面的人才出來 ③可同時進出 ④爭先恐後無妨。

71. (1) 安全帽承受巨大外力衝擊後，雖外觀良好，應採下列何種處理方式？ ①廢棄 ②繼續使用 ③送修 ④油漆保護。

72. (4) 下列何者可做為電器線路過電流保護之用？ ①變壓器 ②電阻器 ③避雷器 ④熔絲斷路器。

73. (2) 因舉重而扭腰係由於身體動作不自然姿勢，動作之反彈，引起扭筋、扭腰及形成類似狀態造成職業災害，其災害類型為下列何者？ ①不當狀態 ②不當動作 ③不當方針 ④不當設備。

74. (3) 下列有關工作場所安全衛生之敘述何者有誤？ ①對於勞工從事其身體或衣著有被污染之虞之特殊作業時，應置備該勞工洗眼、洗澡、漱口、更衣、洗濯等設備 ②事業單位應備置足夠急救藥品及器材 ③事業單位應備置足夠的零食自動販賣機 ④勞工應定期接受健康檢查。

75. (2) 毒性物質進入人體的途徑，經由那個途徑影響人體健康最快且中毒效應最高？ ①吸入 ②食入 ③皮膚接觸 ④手指觸摸。

76. (3) 安全門或緊急出口平時應維持何狀態？ ①門可上鎖但不可封死 ②保持開門狀態以保持逃生路徑暢通 ③門應關上但不可上鎖 ④與一般進出門相同，視各樓層規定可開可關。

77. (3) 下列何種防護具較能消減噪音對聽力的危害？ ①棉花球 ②耳塞 ③耳罩 ④碎布球。

78. (3) 流行病學實證研究顯示，輪班、夜間及長時間工作與心肌梗塞、高血壓、睡眠障礙、憂鬱等的罹病風險之相關性一般為何？ ①無 ②負 ③正 ④可正可負。

79. (2) 勞工若面臨長期工作負荷壓力及工作疲勞累積，沒有獲得適當休息及充足睡眠，便可能影響體能及精神狀態，甚而較易促發下列何種疾病？ ①皮膚癌 ②腦心血管疾病 ③多發性神經病變 ④肺水腫。

80. (2) 「勞工腦心血管疾病發病的風險與年齡、吸菸、總膽固醇數值、家族病史、生活型態、心臟方面疾病」之相關性為何？ ①無 ②正 ③負 ④可正可負。

81. (2) 勞工常處於高溫及低溫間交替暴露的情況、或常在有明顯溫差之場所間出入，對勞工的生（心）理工作負荷之影響一般為何？ ①無 ②增加 ③減少 ④不一定。

82. (3) 「感覺心力交瘁，感覺挫折，而且上班時都很難熬」此現象與下列何者較不相關？ ①可能已經快被工作累垮了 ②工作相關過勞程度可能嚴重 ③工作相關過勞程度輕微 ④可能需要尋找專業人員諮詢。

83. (3) 下列何者不屬於職場暴力？ ①肢體暴力 ②語言暴力 ③家庭暴力 ④性騷擾。

84. (4) 職場內部常見之身體或精神不法侵害不包含下列何者？ ①脅迫、名譽損毀、侮辱、

嚴重辱罵勞工 ②強求勞工執行業務上明顯不必要或不可能之工作 ③過度介入勞工私人事宜 ④使勞工執行與能力、經驗相符的工作。

85. (1) 勞工服務對象若屬特殊高風險族群，如酗酒、藥癮、心理疾患或家暴者，則此勞工較易遭受下列何種危害？ ①身體或心理不法侵害 ②中樞神經系統退化 ③聽力損失 ④白指症。

86. (3) 下列何措施較可避免工作單調重複或負荷過重？ ①連續夜班 ②工時過長 ③排班保有規律性 ④經常性加班。

87. (3) 一般而言下列何者不屬對孕婦有危害之作業或場所？ ①經常搬抬物件上下階梯或梯架 ②暴露游離輻射 ③工作區域地面平坦、未濕滑且無未固定之線路 ④經常變換高低位之工作姿勢。

88. (3) 長時間電腦終端機作業較不易產生下列何狀況？ ①眼睛乾澀 ②頸肩部僵硬不適 ③體溫、心跳和血壓之變化幅度比較大 ④腕道症候群。

89. (1) 減輕皮膚燒傷程度之最重要步驟為何？ ①儘速用清水沖洗 ②立即刺破水泡 ③立即在燒傷處塗抹油脂 ④在燒傷處塗抹麵粉。

90. (3) 眼內噴入化學物或其他異物，應立即使用下列何者沖洗眼睛？ ①牛奶 ②蘇打水 ③清水 ④稀釋的醋。

91. (3) 石綿最可能引起下列何種疾病？ ①白指症 ②心臟病 ③間皮細胞瘤 ④巴金森氏症。

92. (2) 作業場所高頻率噪音較易導致下列何種症狀？ ①失眠 ②聽力損失 ③肺部疾病 ④腕道症候群。

93. (2) 下列何種患者不宜從事高溫作業？ ①近視 ②心臟病 ③遠視 ④重聽。

94. (2) 廚房設置之排油煙機為下列何者？ ①整體換氣裝置 ②局部排氣裝置 ③吹吸型換氣裝置 ④排氣煙函。

95. (3) 消除靜電的有效方法為下列何者？ ①隔離 ②摩擦 ③接地 ④絕緣。

96. (4) 防塵口罩選用原則，下列敘述何者有誤？ ①捕集效率愈高愈好 ②吸氣阻抗愈低愈好 ③重量愈輕愈好 ④視野愈小愈好。

97. (3) 「勞工於職場上遭受主管或同事利用職務或地位上的優勢予以不當之對待，及遭受顧客、服務對象或其他相關人士之肢體攻擊、言語侮辱、恐嚇、威脅等霸凌或暴力事件，致發生精神或身體上的傷害」此等危害可歸類於下列何種職業危害？ ①物理性 ②化學性 ③社會心理性 ④生物性。

98. (1) 有關高風險或高負荷、夜間工作之安排或防護措施，下列何者不恰當？ ①若受威脅或加害時，在加害人離開前觸動警報系統，激怒加害人，使對方抓狂 ②參照醫師之適性配工建議 ③考量人力或性別之適任性 ④獨自作業，宜考量潛在危害，如性暴力。

99. (2) 若勞工工作性質需與陌生人接觸、工作中需處理不可預期的突發事件或工作場所治安狀況較差，較容易遭遇下列何種危害？ ①組織內部不法侵害 ②組織外部不法侵害 ③多發性神經病變 ④潛涵症。

100. (3) 以下何者不是發生電氣火災的主要原因？ ①電器接點短路 ②電氣火花 ③電纜線置於地上 ④漏電。

90007 工作倫理與職業道德共同科目 不分級

工作項目：工作倫理與職業道德

1. （3）請問下列何者「不是」個人資料保護法所定義的個人資料？ ①身分證號碼 ②最高學歷 ③綽號 ④護照號碼。
2. （4）下列何者「違反」個人資料保護法？ ①公司基於人事管理之特定目的，張貼榮譽榜揭示績優員工姓名 ②縣市政府提供村里長轄區內符合資格之老人名冊供發放敬老金 ③網路購物公司為辦理退貨，將客戶之住家地址提供予宅配公司 ④學校將應屆畢業生之住家地址提供補習班招生使用。
3. （1）非公務機關利用個人資料進行行銷時，下列敘述何者「錯誤」？ ①若已取得當事人書面同意，當事人即不得拒絕利用其個人資料行銷 ②於首次行銷時，應提供當事人表示拒絕行銷之方式 ③當事人表示拒絕接受行銷時，應停止利用其個人資料 ④倘非公務機關違反「應即停止利用其個人資料行銷」之義務，未於限期內改正者，按次處新臺幣 2 萬元以上 20 萬元以下罰鍰。
4. （4）個資法為保護當事人權益，多少位以上的當事人提出告訴，就可以進行團體訴訟：①5 人 ②10 人 ③15 人 ④20 人。
5. （2）關於個人資料保護法規之敘述，下列何者「錯誤」？ ①公務機關執行法定職務必要範圍內，可以蒐集、處理或利用一般性個人資料 ②間接蒐集之個人資料，於處理或利用前，不必告知當事人個人資料來源 ③非公務機關亦應維護個人資料之正確，並主動或依當事人之請求更正或補充 ④外國學生在臺灣短期進修或留學，也受到我國個資法的保障。
6. （2）下列關於個人資料保護法的敘述，下列敘述何者錯誤？ ①不管是否使用電腦處理的個人資料，都受個人資料保護法保護 ②公務機關依法執行公權力，不受個人資料保護法規範 ③身分證字號、婚姻、指紋都是個人資料 ④我的病歷資料雖然是由醫生所撰寫，但也屬於是我的個人資料範圍。
7. （3）對於依照個人資料保護法應告知之事項，下列何者不在法定應告知的事項內？ ①個人資料利用之期間、地區、對象及方式 ②蒐集之目的 ③蒐集機關的負責人姓名 ④如拒絕提供或提供不正確個人資料將造成之影響。
8. （2）請問下列何者非為個人資料保護法第 3 條所規範之當事人權利？ ①查詢或請求閱覽 ②請求刪除他人之資料 ③請求補充或更正 ④請求停止蒐集、處理或利用。
9. （4）下列何者非安全使用電腦內的個人資料檔案的做法？ ①利用帳號與密碼登入機制來管理可以存取個資者的人 ②規範不同人員可讀取的個人資料檔案範圍 ③個人資料檔案使用完畢後立即退出應用程式，不得留置於電腦中 ④為確保重要的個人資料可即時取得，將登入密碼標示在螢幕下方。
10. （1）下列何者行為非屬個人資料保護法所稱之國際傳輸？ ①將個人資料傳送給經濟部 ②將個人資料傳送給美國的分公司 ③將個人資料傳送給法國的人事部門 ④將個人資料傳送給日本的委託公司。
11. （1）有關專利權的敘述，何者正確？ ①專利有規定保護年限，當某商品、技術的專利保護年限屆滿，任何人皆可運用該項專利 ②我發明了某項商品，卻被他人率先申請專利權，我仍可主張擁有這項商品的專利權 ③專利權可涵蓋、保護抽象的概念性商品 ④專利權為世界所共有，在本國申請專利之商品進軍國外，不需向他國申請專利權。

12.（4）下列使用重製行為，何者已超出「合理使用」範圍？ ①將著作權人之作品及資訊，下載供自己使用 ②直接轉貼高普考考古題在 FACEBOOK ③以分享網址的方式轉貼資訊分享於 BBS ④將講師的授課內容錄音供分贈友人。

13.（1）下列有關智慧財產權行為之敘述，何者有誤？ ①製造、販售仿冒品不屬於公訴罪之範疇，但已侵害商標權之行為 ②以 101 大樓、美麗華百貨公司做為拍攝電影的背景，屬於合理使用的範圍 ③原作者自行創作某音樂作品後，即可宣稱擁有該作品之著作權 ④商標權是為促進文化發展為目的，所保護的財產權之一。

14.（2）專利權又可區分為發明、新型與新式樣三種專利權，其中，發明專利權是否有保護期限？期限為何？ ①有，5 年 ②有，20 年 ③有，50 年 ④無期限，只要申請後就永久歸申請人所有。

15.（1）下列有關著作權之概念，何者正確？ ①國外學者之著作，可受我國著作權法的保護 ②公務機關所函頒之公文，受我國著作權法的保護 ③著作權要待向智慧財產權申請通過後才可主張 ④以傳達事實之新聞報導，依然受著作權之保障。

16.（2）受雇人於職務上所完成之著作，如果沒有特別以契約約定，其著作人為下列何者？ ①雇用人 ②受雇人 ③雇用公司或機關法人代表 ④由雇用人指定之自然人或法人。

17.（1）任職於某公司的程式設計工程師，因職務所編寫之電腦程式，如果沒有特別以契約約定，則該電腦程式重製之權利歸屬下列何者？ ①公司 ②編寫程式之工程師 ③公司全體股東共有 ④公司與編寫程式之工程師共有。

18.（3）某公司員工因執行業務，擅自以重製之方法侵害他人之著作財產權，若被害人提起告訴，下列對於處罰對象的敘述，何者正確？ ①僅處罰侵犯他人著作財產權之員工 ②僅處罰雇用該名員工的公司 ③該名員工及其雇主皆須受罰 ④員工只要在從事侵犯他人著作財產權之行為前請示雇主並獲同意，便可以不受處罰。

19.（1）某廠商之商標在我國已經獲准註冊，請問若希望將商品行銷販賣到國外，請問是否需在當地申請註冊才能受到保護？ ①是，因為商標權註冊採取屬地保護原則 ②否，因為我國申請註冊之商標權在國外也會受到承認 ③不一定，需視我國是否與商品希望行銷販賣的國家訂有相互商標承認之協定 ④不一定，需視商品希望行銷販賣的國家是否為 WTO 會員國。

20.（1）受雇人於職務上所完成之發明、新型或設計，其專利申請權及專利權屬於下列何者？ ①雇用人 ②受雇人 ③雇用人所指定之自然人或法人 ④雇用人與受雇人共有。

21.（1）下列關於營業秘密的敘述，何者不正確？ ①受雇人於非職務上研究或開發之營業秘密，仍歸雇用人所有 ②營業秘密不得為質權及強制執行之標的 ③營業秘密所有人得授權他人使用其營業秘密 ④營業秘密得全部或部分讓與他人或與他人共有。

22.（1）甲公司開發部主管 A 掌握公司最新技術製程，並約定保密協議，離職後就任同業乙公司，將甲公司之機密技術揭露於乙公司，使甲公司蒙受巨額營業上損失，下列何者「非」屬 A 可能涉及之刑事責任？ ①營業秘密法之以不正方法取得營業秘密罪 ②營業秘密法之未經授權洩漏營業秘密罪 ③刑法之洩漏工商秘密罪 ④刑法之背信罪。

23.（1）下列何者「非」屬於營業秘密？ ①具廣告性質的不動產交易底價 ②產品設計或開發流程圖示 ③公司內部的各種計畫方案 ④客戶名單。

24.（3）營業秘密可分為「技術機密」與「商業機密」，下列何者屬於「商業機密」？ ①程式 ②設計圖 ③客戶名單 ④生產製程。

25.（1）甲公司將其新開發受營業秘密法保護之技術，授權乙公司使用，下列何者不得為之？ ①乙公司已獲授權，所以可以未經甲公司同意，再授權丙公司使用 ②約定授權使用限於一定之地域、時間 ③約定授權使用限於特定之內容、一定之使用方法 ④要求被授權人乙公司在一定期間負有保密義務。

26.（3）下列何者為營業秘密法所肯認？ ①債權人 A 聲請強制執行甲公司之營業秘密 ②乙公司以其營業秘密設定質權，供擔保向丙銀行借款 ③丙公司與丁公司共同研發新技術，成為該營業秘密之共有人 ④營業秘密共有人無正當理由，拒絕同意授權他人使用該營業秘密。

27.（3）甲公司嚴格保密之最新配方產品大賣，下列何者侵害甲公司之營業秘密？ ①鑑定人 A 因司法審理而知悉配方 ②甲公司授權乙公司使用其配方 ③甲公司之 B 員工擅自將配方盜賣給乙公司 ④甲公司與乙公司協議共有配方。

28.（3）故意侵害他人之營業秘密，法院因被害人之請求，最高得酌定損害額幾倍之賠償？ ① 1 倍 ② 2 倍 ③ 3 倍 ④ 4 倍。

29.（1）甲公司之受雇人 A，因執行業務，觸犯營業秘密法之罪，除依規定處罰行為人 A 外，得對甲公司進行何種處罰？ ①罰金 ②拘役 ③有期徒刑 ④褫奪公權。

30.（4）受雇者因承辦業務而知悉營業秘密，在離職後對於該營業秘密的處理方式，下列敘述何者正確？ ①聘雇關係解除後便不再負有保障營業秘密之責 ②僅能自用而不得販售獲取利益 ③自離職日起 3 年後便不再負有保障營業秘密之責 ④離職後仍不得洩漏該營業秘密。

31.（3）按照現行法律規定，侵害他人營業秘密，其法律責任為： ①僅需負刑事責任 ②僅需負民事損害賠償責任 ③刑事責任與民事損害賠償責任皆須負擔 ④刑事責任與民事損害賠償責任皆不須負擔。

32.（3）企業內部之營業秘密，可以概分為「商業性營業秘密」及「技術性營業秘密」二大類型，請問下列何者屬於「技術性營業秘密」？ ①人事管理 ②經銷據點 ③產品配方 ④客戶名單。

33.（3）某離職同事請求在職員工將離職前所製作之某份文件傳送給他，請問下列回應方式何者正確？ ①由於該項文件係由該離職員工製作，因此可以傳送文件 ②若其目的僅為保留檔案備份，便可以傳送文件 ③可能構成對於營業秘密之侵害，應予拒絕並請他直接向公司提出請求 ④視彼此交情決定是否傳送文件。

34.（1）行為人以竊取等不正當方法取得營業秘密，下列敘述何者正確？ ①已構成犯罪 ②只要後續沒有洩漏便不構成犯罪 ③只要後續沒有出現使用之行為便不構成犯罪 ④只要後續沒有造成所有人之損害便不構成犯罪。

35.（2）請問以下敘述，那一項不是立法保護營業秘密的目的？ ①調和社會公共利益 ②保障企業獲利 ③確保商業競爭秩序 ④維護產業倫理。

36.（3）針對在我國境內竊取營業秘密後，意圖在外國、中國大陸或港澳地區使用者，營業秘密法是否可以適用？ ①無法適用 ②可以適用，但若屬未遂犯則不罰 ③可以適用並加重其刑 ④能否適用需視該國家或地區與我國是否簽訂相互保護營業秘密之條約或協定。

37.（4）所謂營業秘密，係指方法、技術、製程、配方、程式、設計或其他可用於生產、銷售或經營之資訊，但其保障所需符合的要件不包括下列何者？ ①因其秘密性而具有實際之經濟價值者 ②所有人已採取合理之保密措施者 ③因其秘密性而具有潛在之經濟價值者 ④一般涉及該類資訊之人所知者。

38.（1）因故意或過失而不法侵害他人之營業秘密者，負損害賠償責任。該損害賠償之請求權，自請求權人知有行為及賠償義務人時起，幾年間不行使就會消滅？ ① 2 年 ② 5 年 ③ 7 年 ④ 10 年。

39.（1）公務機關首長要求人事單位聘僱自己的弟弟擔任工友，違反何種法令？ ①公職人員利益衝突迴避法 ②詐欺罪 ③侵占罪 ④未違反法令。

40.（4）依 107.6.13 新修公布之公職人員利益衝突迴避法（以下簡稱本法）規定，公職 人員甲與其關係人下列何種行為不違反本法？ ①甲要求受其監督之機關聘用兒子乙 ②配偶乙以請託關說之方式，請求甲之服務機關通過其名下農地變更使用申請案 ③甲承辦案件時，明知有利益衝突之情事，但因自認為人公正，故不自行迴避 ④關係人丁經政府採購法公告程序取得甲服務機關之年度採購標案。

41.（1）公司負責人為了要節省開銷，將員工薪資以高報低來投保全民健保及勞保，是觸犯了刑法上之何種罪刑？ ①詐欺罪 ②侵占罪 ③背信罪 ④工商秘密罪。

42.（2）A 受雇於公司擔任會計，因自己的財務陷入危機，多次將公司帳款轉入妻兒戶頭，是觸犯了刑法上之何種罪刑？ ①工商秘密罪 ②侵占罪 ③侵害著作權罪 ④違反公平交易法。

43.（1）於公司執行採購業務時，因收受回扣而將訂單予以特定廠商，觸犯下列何種罪刑？ ①背信罪 ②貪污罪 ③詐欺罪 ④侵占罪。

44.（1）如果你擔任公司採購的職務，親朋好友們會向你推銷自家的產品，希望你要採購時，你應該 ①適時地婉拒，說明利益需要迴避的考量，請他們見諒 ②既然是親朋好友，就應該互相幫忙 ③建議親朋好友將產品折扣，折扣部分歸於自己，就會採購 ④可以暗中地幫忙親朋好友，進行採購，不要被發現有親友關係便可。

45.（3）小美是公司的業務經理，有一天巧遇國中同班的死黨小林，發現他是公司的下游廠商老闆。最近小美處理一件公司的招標案件，小林的公司也在其中，私下約小美見面，請求她提供這次招標案的底標，並馬上要給予幾十萬元的前謝金，請問小美該怎麼辦？ ①退回錢，並告訴小林都是老朋友，一定會全力幫忙 ②收下錢，將錢拿出來給單位同事們分紅 ③應該堅決拒絕，並避免每次見面都與小林談論相關業務問題 ④朋友一場，給他一個比較接近底標的金額，反正又不是正確的，所以沒關係。

46.（3）公司發給每人一台平板電腦提供業務上使用，但是發現根本很少在使用，為了讓它有效的利用，所以將它拿回家給親人使用，這樣的行為是 ①可以的，這樣就不用花錢買 ②可以的，因為，反正如果放在那裡不用它，是浪費資源的 ③不可以的，因為這是公司的財產，不能私用 ④不可以的，因為使用年限未到，如果年限到報廢了，便可以拿回家。

47.（3）公司的車子，假日又沒人使用，你是鑰匙保管者，請問假日可以開出去嗎？ ①可以，

只要付費加油即可 ②可以，反正假日不影響公務 ③不可以，因為是公司的，並非私人擁有 ④不可以，應該是讓公司想要使用的員工，輪流使用才可。

48.（4）阿哲是財經線的新聞記者，某次採訪中得知 A 公司在一個月內將有一個大的併購案，這個併購案顯示公司的財力，且能讓 A 公司股價往上飆升。請問阿哲得知此消息後，可以立刻購買該公司的股票嗎？ ①可以，有錢大家賺 ②可以，這是我努力獲得的消息 ③可以，不賺白不賺 ④不可以，屬於內線消息，必須保持記者之操守，不得洩漏。

49.（4）與公務機關接洽業務時，下列敘述何者「正確」？ ①沒有要求公務員違背職務，花錢疏通而已，並不違法 ②唆使公務機關承辦採購人員配合浮報價額，僅屬偽造文書行為 ③口頭允諾行賄金額但還沒送錢，尚不構成犯罪 ④與公務員同謀之共犯，即便不具公務員身分，仍會依據貪污治罪條例處刑。

50.（1）甲君為獲取乙級技術士技能檢定證照，行賄打點監評人員要求放水之行為，可能構成何罪？ ①違背職務行賄罪 ②不違背職務行賄罪 ③背信罪 ④詐欺罪。

51.（3）公司總務部門員工因辦理政府採購案，而與公務機關人員有互動時，下列敘述何者「正確」？ ①對於機關承辦人，經常給予不超過新台幣 5 佰元以下的好處，無論有無對價關係，對方收受皆符合廉政倫理規範 ②招待驗收人員至餐廳用餐，是慣例屬社交禮貌行為 ③因民俗節慶公開舉辦之活動，機關公務員在簽准後可受邀參與 ④以借貸名義，餽贈財物予公務員，即可規避刑事追究。

52.（1）與公務機關有業務往來構成職務利害關係者，下列敘述何者「正確」？ ① 將餽贈之財物請公務員父母代轉，該公務員亦已違反規定 ②與公務機關承辦人飲宴應酬為增進基本關係的必要方法 ③高級茶葉低價售予有利害關係之承辦公務員，有價購行為就不算違反法規 ④機關公務員藉子女婚宴廣邀 業務往來廠商之行為，並無不妥。

53.（3）下列何者不屬公務員廉政倫理規範禁止公務員收受之「財物」？ ①旅宿業公關票 ②運動中心免費會員證 ③公司印製之月曆 ④農特產禮盒。

54.（4）貪污治罪條例所稱之「賄賂或不正利益」與公務員廉政倫理規範所稱之「餽贈財物」，其最大差異在於下列何者之有無？ ①利害關係 ②補助關係 ③隸屬關係 ④對價關係。

55.（4）廠商某甲承攬公共工程，工程進行期間，甲與其工程人員經常招待該公共工程委辦機關之監工及驗收之公務員喝花酒或招待出國旅遊，下列敘述何者為對？ ①公務員若沒有收現金，就沒有罪 ②只要工程沒有問題，某甲與監工及驗收等相關公務員就沒有犯罪 ③因為不是送錢，所以都沒有犯罪 ④某甲與相關公務員均已涉嫌觸犯貪污治罪條例。

56.（1）行（受）賄罪成立要素之一為具有對價關係，而作為公務員職務之對價有「賄賂」或「不正利益」，下列何者「不」屬於「賄賂」或「不正利益」？ ① 開工邀請公務員觀禮 ②送百貨公司大額禮券 ③免除債務 ④招待吃米其林等級之高檔大餐。

57.（2）客觀上有行求、期約或交付賄賂之行為，主觀上有賄賂使公務員為不違背職務行為之意思，即所謂？ ①違背職務行賄罪 ②不違背職務行賄罪 ③圖利罪 ④背信罪。

58.（1）下列關於政府採購人員之敘述，何者為正確？ ①非主動向廠商求取，偶發地收取廠商致贈價值在新臺幣 500 元以下之廣告物、促銷品、紀念品 ②要求廠商提供與採

購無關之額外服務 ③利用職務關係向廠商借貸 ④利用職務關係媒介親友至廠商處所任職。

59.（2）為建立良好之公司治理制度，公司內部宜納入何種檢舉人制度？ ①告訴乃論制度 ②吹哨者（whistleblower）管道及保護制度 ③不告不理制度 ④非告訴乃論制度。

60.（2）檢舉人向有偵查權機關或政風機構檢舉貪污瀆職，必須於何時為之始可能給與獎金？ ①犯罪未起訴前 ②犯罪未發覺前 ③犯罪未遂前 ④預備犯罪前。

61.（4）公司訂定誠信經營守則時，不包括下列何者？ ①禁止不誠信行為 ②禁止行賄及收賄 ③禁止提供不法政治獻金 ④禁止適當慈善捐助或贊助。

62.（3）檢舉人應以何種方式檢舉貪污瀆職始能核給獎金？ ①匿名 ②委託他人檢舉 ③以真實姓名檢舉 ④以他人名義檢舉。

63.（4）我國制定何法以保護刑事案件之證人，使其勇於出面作證，俾利犯罪之偵查、審判？ ①貪污治罪條例 ②刑事訴訟法 ③行政程序法 ④證人保護法。

64.（1）下列何者「非」屬公司對於企業社會責任實踐之原則？ ①加強個人資料揭露 ②維護社會公益 ③發展永續環境 ④落實公司治理。

65.（1）下列何者「不」屬於職業素養的範疇？ ①獲利能力 ②正確的職業價值觀 ③職業知識技能 ④良好的職業行為習慣。

66.（4）下列行為何者「不」屬於敬業精神的表現？ ①遵守時間約定 ②遵守法律規定 ③保守顧客隱私 ④隱匿公司產品瑕疵訊息。

67.（4）下列何者符合專業人員的職業道德？ ①未經雇主同意，於上班時間從事私人事務 ②利用雇主的機具設備私自接單生產 ③未經顧客同意，任意散佈或利用顧客資料 ④盡力維護雇主及客戶的權益。

68.（4）身為公司員工必須維護公司利益，下列何者是正確的工作態度或行為？ ①將公司逾期的產品更改標籤 ②施工時以省時、省料為獲利首要考量，不顧品質 ③服務時首先考慮公司的利益，然後再考量顧客權益 ④工作時謹守本分，以積極態度解決問題。

69.（3）身為專業技術工作人士，應以何種認知及態度服務客戶？ ①若客戶不瞭解，就儘量減少成本支出，抬高報價 ②遇到維修問題，儘量拖過保固期 ③主動告知可能碰到問題及預防方法 ④隨著個人心情來提供服務的內容及品質。

70.（2）因為工作本身需要高度專業技術及知識，所以在對客戶服務時應 ①不用理會顧客的意見 ②保持親切、真誠、客戶至上的態度 ③若價錢較低，就敷衍了事 ④以專業機密為由，不用對客戶說明及解釋。

71.（2）從事專業性工作，在與客戶約定時間應 ①保持彈性，任意調整 ②儘可能準時，依約定時間完成工作 ③能拖就拖，能改就改 ④自己方便就好，不必理會客戶的要求。

72.（1）從事專業性工作，在服務顧客時應有的態度是 ①選擇最安全、經濟及有效的方法完成工作 ②選擇工時較長、獲利較多的方法服務客戶 ③為了降低成本，可以降低安全標準 ④不必顧及雇主和顧客的立場。

73.（1）當發現公司的產品可能會對顧客身體產生危害時，正確的作法或行動應是 ①立即向主管或有關單位報告 ②若無其事，置之不理 ③儘量隱瞞事實，協助掩飾問題 ④透過管道告知媒體或競爭對手。

74.（4）以下哪一項員工的作為符合敬業精神？ ①利用正常工作時間從事私人事務 ②運用雇主的資源，從事個人工作 ③未經雇主同意擅離工作崗位 ④謹守職場紀律及禮節，尊重客戶隱私。

75.（2）如果發現有同事，利用公司的財產做私人的事，我們應該要 ①未經查證或勸阻立即向主管報告 ②應該立即勸阻，告知他這是不對的行為 ③不關我的事，我只要管好自己便可以 ④應該告訴其他同事，讓大家來共同糾正與斥責他。

76.（2）小禎離開異鄉就業，來到小明的公司上班，小明是當地的人，他應該： ①不關他的事，自己管好就好 ②多關心小禎的生活適應情況，如有困難加以協助 ③小禎非當地人，應該不容易相處，不要有太多接觸 ④小禎是同單位的人，是個競爭對手，應該多加防範。

77.（3）小張獲選為小孩學校的家長會長，這個月要召開會議，沒時間準備資料，所以，利用上班期間有空檔，非休息時間來完成，請問是否可以： ①可以，因為不耽誤他的工作 ②可以，因為他能力好，能夠同時完成很多事 ③不可以，因為這是私事，不可以利用上班時間完成 ④可以，只要不要被發現。

78.（2）小吳是公司的專用司機，為了能夠隨時用車，經過公司同意，每晚都將公司的車開回家，然而，他發現反正每天上班路線，都要經過女兒學校，就順便載女兒上學，請問可以嗎？ ①可以，反正順路 ②不可以，這是公司的車不能私用 ③可以，只要不被公司發現即可 ④可以，要資源須有效使用。

79.（2）如果公司受到不當與不正確的毀謗與指控，你應該是：①加入毀謗行列，將公司內部的事情，都說出來告訴大家 ②相信公司，幫助公司對抗這些不實的指控 ③向媒體爆料更多不實的內容 ④不關我的事，只要能夠領到薪水就好。

80.（3）筱珮要離職了，公司主管交代，她要做業務上的交接，她該怎麼辦？ ①不用理它，反正都要離開公司了 ②把以前的業務資料都刪除或設密碼，讓別人都打不開 ③應該將承辦業務整理歸檔清楚，並且留下聯絡的方式，未來有問題可以詢問她 ④盡量交接，如果離職日一到，就不關他的事。

81.（4）彥江是職場上的新鮮人，剛進公司不久，他應該具備怎樣的態度？ ①上班、下班，管好自己便可 ②仔細觀察公司生態，加入某些小團體，以做為後盾 ③只要做好人脈關係，這樣以後就好辦事 ④努力做好自己職掌的業務，樂於工作，與同事之間有良好的互動，相互協助。

82.（4）在公司內部行使商務禮儀的過程，主要以參與者在公司中的何種條件來訂定順序 ①年齡 ②性別 ③社會地位 ④職位。

83.（1）一位職場新鮮人剛進公司時，良好的工作態度是 ①多觀察、多學習，了解企業文化和價值觀 ②多打聽哪一個部門比較輕鬆，升遷機會較多 ③多探聽哪一個公司在找人，隨時準備跳槽走人 ④多遊走各部門認識同事，建立自己的小圈圈。

84.（1）乘坐轎車時，如有司機駕駛，按照乘車禮儀，以司機的方位來看，首位應為 ①後排右側 ②前座右側 ③後排左側 ④後排中間。

85.（4）根據性別工作平等法，下列何者非屬職場性騷擾？ ①公司員工執行職務時，客戶對其講黃色笑話，該員工感覺被冒犯 ②雇主對求職者要求交往，作為雇用與否之交換

條件 ③公司員工執行職務時，遭到同事以「女人就是沒大腦」性別歧視用語加以辱罵，該員工感覺其人格尊嚴受損 ④公司員工下班後搭乘捷運，在捷運上遭到其他乘客偷拍。

86.（4）根據性別工作平等法，下列何者非屬職場性別歧視？①雇主考量男性賺錢養家之社會期待，提供男性高於女性之薪資 ②雇主考量女性以家庭為重之社會期待，裁員時優先資遣女性 ③雇主事先與員工約定倘其有懷孕之情事，必須離職 ④有未滿 2 歲子女之男性員工，也可申請每日六十分鐘的哺乳時間。

87.（3）根據性別工作平等法，有關雇主防治性騷擾之責任與罰則，下列何者錯誤？①僱用受僱者 30 人以上者，應訂定性騷擾防治措施、申訴及懲戒辦法 ②雇主知悉性騷擾發生時，應採取立即有效之糾正及補救措施 ③雇主違反應訂定性騷擾防治措施之規定時，處以罰鍰即可，不用公布其姓名 ④雇主違反應訂定性騷擾申訴管道者，應限期令其改善，屆期未改善者，應按次處罰。

88.（1）根據性騷擾防治法，有關性騷擾之責任與罰則，下列何者錯誤？①對他人為性騷擾者，如果沒有造成他人財產上之損失，就無需負擔金錢賠償之責任 ②對於因教育、訓練、醫療、公務、業務、求職，受自己監督、照護之人，利用權勢或機會為性騷擾者，得加重科處罰鍰至二分之一 ③意圖性騷擾，乘人不及抗拒而為親吻、擁抱或觸摸其臀部、胸部或其他身體隱私處之行為者，處 2 年以下有期徒刑、拘役或科或併科 10 萬元以下罰金 ④對他人為性騷擾者，由直轄市、縣（市）主管機關處 1 萬元以上 10 萬元以下罰鍰。

89.（1）根據消除對婦女一切形式歧視公約（CEDAW），下列何者正確？①對婦女的歧 視指基於性別而作的任何區別、排斥或限制 ②只關心女性在政治方面的人權和基本自由 ③未要求政府需消除個人或企業對女性的歧視 ④傳統習俗應予保護及傳承，即使含有歧視女性的部分，也不可以改變。

90.（2）學校駐衛警察之遴選規定以服畢兵役作為遴選條件之一，根據消除對婦女一切形式歧視公約（CEDAW），下列何者錯誤？①服畢兵役者仍以男性為主，此條件已排除多數女性被遴選的機會，屬性別歧視 ②此遴選條件未明定限男性，不屬性別歧視 ③駐衛警察之遴選應以從事該工作所需的能力或資格作為條件 ④已違反 CEDAW 第 1 條對婦女的歧視。

91.（1）某規範明定地政機關進用女性測量助理名額，不得超過該機關測量助理名額總數二分之一，根據消除對婦女一切形式歧視公約（CEDAW），下列何者正確？ ①限制女性測量助理人數比例，屬於直接歧視 ②土地測量經常在戶外工作，基於保護女性所作的限制，不屬性別歧視 ③此項二分之一規定是為促進男女比例平衡 ④此限制是為確保機關業務順暢推動，並未歧視女性。

92.（4）根據消除對婦女一切形式歧視公約（CEDAW）之間接歧視意涵，下列何者錯誤？①一項法律、政策、方案或措施表面上對男性和女性無任何歧視，但實際上卻產生歧視女性的效果 ②察覺間接歧視的一個方法，是善加利用性別統計與性別分析 ③如果未正視歧視之結構和歷史模式，及忽略男女權力關係之不平等，可能使現有不平等狀況更為惡化 ④不論在任何情況下，只要以相同方式對待男性和女性，就能避免間接歧視之產生。

93.（3）關於菸品對人體的危害的敘述，下列何者「正確」？ ①只要開電風扇、或是空調就可以去除二手菸 ②抽雪茄比抽紙菸危害還要小 ③吸菸者比不吸菸者容易得肺癌 ④只要不將菸吸入肺部，就不會對身體造成傷害。

94.（4）下列何者「不是」菸害防制法之立法目的？ ①防制菸害 ②保護未成年免於菸害 ③保護孕婦免於菸害 ④促進菸品的使用。

95.（3）有關菸害防制法規範，「不可販賣菸品」給幾歲以下的人？ ① 20 ② 19 ③ 18 ④ 17。

96.（1）按菸害防制法規定，對於在禁菸場所吸菸會被罰多少錢？ ①新臺幣 2 千元至 1 萬元罰鍰 ②新臺幣 1 千元至 5 千元罰鍰 ③新臺幣 1 萬元至 5 萬元罰鍰 ④新臺幣 2 萬元至 10 萬元罰鍰。

97.（1）按菸害防制法規定，下列敘述何者錯誤？ ①只有老闆、店員才可以出面勸阻在禁菸場所抽菸的人 ②任何人都可以出面勸阻在禁菸場所抽菸的人 ③餐廳、旅館設置室內吸菸室，需經專業技師簽證核可 ④加油站屬易燃易爆場所，任何人都要勸阻在禁菸場所抽菸的人。

98.（3）按菸害防制法規定，對於主管每天在辦公室內吸菸，應如何處理？ ①未違反菸害防制法 ②因為是主管，所以只好忍耐 ③撥打菸害申訴專線檢舉（0800-531-531） ④開空氣清淨機，睜一隻眼閉一隻眼。

99.（4）對電子菸的敘述，何者錯誤？ ①含有尼古丁會成癮 ②會有爆炸危險 ③含有毒致癌物質 ④可以幫助戒菸。

100.（4）下列何者是錯誤的「戒菸」方式？ ①撥打戒菸專線 0800-63-63-63 ②求助醫療院所、社區藥局專業戒菸 ③參加醫院或衛生所所辦理的戒菸班 ④自己購買電子煙來戒菸。

90008 環境保護共同科目 不分級

工作項目：環境保護

1. （1）世界環境日是在每一年的：①6 月 5 日 ②4 月 10 日 ③3 月 8 日 ④11 月 12 日。
2. （3）2015 年巴黎協議之目的為何？ ①避免臭氧層破壞 ②減少持久性污染物排放 ③遏阻全球暖化趨勢 ④生物多樣性保育。
3. （3）下列何者為環境保護的正確作為？ ①多吃肉少蔬食 ②自己開車不共乘 ③鐵馬步行 ④不隨手關燈。
4. （2）下列何種行為對生態環境會造成較大的衝擊？ ①植種原生樹木 ②引進外來物種 ③設立國家公園 ④設立自然保護區。
5. （2）下列哪一種飲食習慣能減碳抗暖化？ ①多吃速食 ②多吃天然蔬果 ③多吃牛肉 ④多選擇吃到飽的餐館。
6. （3）小明隨地亂丟垃圾，遇依廢棄物清理法執行稽查人員要求提示身分證明，如小明無故拒絕提供，將受何處分？ ①勸導改善 ②移送警察局 ③處新臺幣 6 百元以上 3 千元以下罰鍰 ④接受環境講習。
7. （1）小狗在道路或其他公共場所便溺時，應由何人負責清除？ ①主人 ②清潔隊 ③警察 ④土地所有權人。
8. （3）四公尺以內之公共巷、弄路面及水溝之廢棄物，應由何人負責清除？ ①里辦公處 ②清潔隊 ③相對戶或相鄰戶分別各半清除 ④環保志工。
9. （1）外食自備餐具是落實綠色消費的哪一項表現？ ①重複使用 ②回收再生 ③環保選購 ④降低成本。
10. （2）再生能源一般是指可永續利用之能源，主要包括哪些：A. 化石燃料 B. 風力 C. 太陽能 D. 水力？ ① ACD ② BCD ③ ABD ④ ABCD。
11. （3）何謂水足跡，下列何者是正確的？ ①水利用的途徑 ②每人用水量紀錄 ③消費者所購買的商品，在生產過程中消耗的用水量 ④水循環的過程。
12. （4）依環境基本法第 3 條規定，基於國家長期利益，經濟、科技及社會發展均應兼顧環境保護。但如果經濟、科技及社會發展對環境有嚴重不良影響或有危害時，應以何者優先？ ①經濟 ②科技 ③社會 ④環境。
13. （4）為了保護環境，政府提出了 4 個 R 的口號，下列何者不是 4R 中的其中一項？ ①減少使用 ②再利用 ③再循環 ④再創新。
14. （2）逛夜市時常有攤位在販賣滅蟑藥，下列何者正確？ ①滅蟑藥是藥，中央主管機關為衛生福利部 ②滅蟑藥是環境衛生用藥，中央主管機關是環境保護署 ③只要批貨，人人皆可販賣滅蟑藥，不須領得許可執照 ④滅蟑藥之包裝上不用標示有效期限。
15. （1）森林面積的減少甚至消失可能導致哪些影響：A. 水資源減少 B. 減緩全球暖化 C. 加劇全球暖化 D. 降低生物多樣性？ ① ACD ② BCD ③ ABD ④ ABCD。
16. （3）塑膠為海洋生態的殺手，所以環保署推動「無塑海洋」政策，下列何項不是減少塑膠危害海洋生態的重要措施？ ①擴大禁止免費供應塑膠袋 ②禁止製造、進口及販售含塑膠柔珠的清潔用品 ③定期進行海水水質監測 ④淨灘、淨海。

17.（2）違反環境保護法律或自治條例之行政法上義務，經處分機關處停工、停業處分或處新臺幣五千元以上罰鍰者，應接受下列何種講習？ ①道路交通安全講習 ②環境講習 ③衛生講習 ④消防講習。

18.（2）綠色設計主要為節能、生態與下列何者？ ①生產成本低廉的產品 ②表示健康的、安全的商品 ③售價低廉易購買的商品 ④包裝紙一定要用綠色系統者。

19.（1）下列何者為環保標章？ ①  ②  ③  ④  。

20.（2）「聖嬰現象」是指哪一區域的溫度異常升高？ ①西太平洋表層海水 ②東太平洋表層海水 ③西印度洋表層海水 ④東印度洋表層海水。

21.（1）「酸雨」定義為雨水酸鹼值達多少以下時稱之？ ① 5.0 ② 6.0 ③ 7.0 ④ 8.0。

22.（2）一般而言，水中溶氧量隨水溫之上升而呈下列哪一種趨勢？ ①增加 ②減少 ③不變 ④不一定。

23.（4）二手菸中包含多種危害人體的化學物質，甚至多種物質有致癌性，會危害到下列何者的健康？ ①只對 12 歲以下孩童有影響 ②只對孕婦比較有影響 ③只有 65 歲以上之民眾有影響 ④全民皆有影響。

24.（2）二氧化碳和其他溫室氣體含量增加是造成全球暖化的主因之一，下列何種飲食方式也能降低碳排放量，對環境保護做出貢獻：A. 少吃肉，多吃蔬菜；B. 玉米產量減少時，購買玉米罐頭食用；C. 選擇當地食材；D. 使用免洗餐具，減少清洗用水與清潔劑？ ① AB ② AC ③ AD ④ ACD。

25.（1）上下班的交通方式有很多種，其中包括：A. 騎腳踏車；B. 搭乘大眾交通工具； C. 自行開車，請將前述幾種交通方式之單位排碳量由少至多之排列方式為何？ ① ABC ② ACB ③ BAC ④ CBA。

26.（3）下列何者「不是」室內空氣污染源？ ①建材 ②辦公室事務機 ③廢紙回收箱 ④油漆及塗料。

27.（4）下列何者不是自來水消毒採用的方式？ ①加入臭氧 ②加入氯氣 ③紫外線消毒 ④加入二氧化碳。

28.（4）下列何者不是造成全球暖化的元凶？ ①汽機車排放的廢氣 ②工廠所排放的廢氣 ③火力發電廠所排放的廢氣 ④種植樹木。

29.（2）下列何者不是造成臺灣水資源減少的主要因素？ ①超抽地下水 ②雨水酸化 ③水庫淤積 ④濫用水資源。

30.（4）下列何者不是溫室效應所產生的現象？ ①氣溫升高而使海平面上升 ②北極熊棲地減少 ③造成全球氣候變遷，導致不正常暴雨、乾旱現象 ④造成臭氧層產生破洞。

31.（4）下列何者是室內空氣污染物之來源：A. 使用殺蟲劑；B. 使用雷射印表機；C. 在室內抽煙；D. 戶外的污染物飄進室內？ ① ABC ② BCD ③ ACD ④ ABCD。

32.（1）下列何者是海洋受污染的現象？ ①形成紅潮 ②形成黑潮 ③溫室效應 ④臭氧層破洞。

33.（2）下列何者是造成臺灣雨水酸鹼（pH）值下降的主要原因？ ①國外火山噴發 ②工業排放廢氣 ③森林減少 ④降雨量減少。

34.（2）水中生化需氧量（BOD）愈高，其所代表的意義為 ①水為硬水 ②有機污染物多 ③水質偏酸 ④分解污染物時不需消耗太多氧。

35.（1）下列何者是酸雨對環境的影響？ ①湖泊水質酸化 ②增加森林生長速度 ③土壤肥沃 ④增加水生動物種類。

36.（2）下列何者是懸浮微粒與落塵的差異？ ①採樣地區 ②粒徑大小 ③分布濃度 ④物體顏色。

37.（1）下列何者屬地下水超抽情形？ ①地下水抽水量「超越」天然補注量 ②天然補注量「超越」地下水抽水量 ③地下水抽水量「低於」降雨量 ④地下水抽水量「低於」天然補注量。

38.（3）下列何種行為無法減少「溫室氣體」排放？ ①騎自行車取代開車 ②多搭乘公共運輸系統 ③多吃肉少蔬菜 ④使用再生紙張。

39.（2）下列哪一項水質濃度降低會導致河川魚類大量死亡？ ①氨氮 ②溶氧 ③二氧化碳 ④生化需氧量。

40.（1）下列何種生活小習慣的改變可減少細懸浮微粒（PM2.5）排放，共同為改善空氣品質盡一份心力？ ①少吃燒烤食物 ②使用吸塵器 ③養成運動習慣 ④每天喝 500cc 的水。

41.（4）下列哪種措施不能用來降低空氣污染？ ①汽機車強制定期排氣檢測 ②汰換老舊柴油車 ③禁止露天燃燒稻草 ④汽機車加裝消音器。

42.（3）大氣層中臭氧層有何作用？ ①保持溫度 ②對流最旺盛的區域 ③吸收紫外線 ④造成光害。

43.（1）小李具有乙級廢水專責人員證照，某工廠希望以高價租用證照的方式合作，請問下列何者正確？ ①這是違法行為 ②互蒙其利 ③價錢合理即可 ④經環保局同意即可。

44.（2）可藉由下列何者改善河川水質且兼具提供動植物良好棲地環境？ ①運動公園 ②人工溼地 ③滯洪池 ④水庫。

45.（1）台北市周先生早晨在河濱公園散步時，發現有大面積的河面被染成紅色，岸邊還有許多死魚，此時周先生應該打電話給哪個單位通報處理？ ①環保局 ②警察局 ③衛生局 ④交通局。

46.（3）台灣地區地形陡峭雨旱季分明，水資源開發不易常有缺水現象，目前推動生活污水經處理再生利用，可填補部分水資源，主要可供哪些用途：A. 工業用水、B. 景觀澆灌、C. 飲用水、D. 消防用水？ ① ACD ② BCD ③ ABD ④ ABCD。

47.（2）台灣自來水之水源主要取自： ①海洋的水 ②河川及水庫的水 ③綠洲的水 ④灌溉渠道的水。

48.（1）民眾焚香燒紙錢常會產生哪些空氣污染物增加罹癌的機率：A. 苯、B. 細懸浮微粒（$PM_{2.5}$）、C. 二氧化碳（CO_2）、D. 甲烷（CH_4）？ ① AB ② AC ③ BC ④ CD。

49.（1）生活中經常使用的物品，下列何者含有破壞臭氧層的化學物質？ ①噴霧劑 ②免洗筷 ③保麗龍 ④寶特瓶。

50.（2）目前市面清潔劑均會強調「無磷」，是因為含磷的清潔劑使用後，若廢水排至河川或湖泊等水域會造成甚麼影響？ ①綠牡蠣 ②優養化 ③秘雕魚 ④烏腳病。

51.（1）冰箱在廢棄回收時應特別注意哪一項物質，以避免逸散至大氣中造成臭氧層的破壞？ ①冷媒 ②甲醛 ③汞 ④苯。

52.（1）在五金行買來的強力膠中，主要有下列哪一種會對人體產生危害的化學物質？ ①甲苯 ②乙苯 ③甲醛 ④乙醛。

53.（2）在同一操作條件下，煤、天然氣、油、核能的二氧化碳排放比例之大小，由大而小為：①油＞煤＞天然氣＞核能 ②煤＞油＞天然氣＞核能 ③煤＞天然氣＞油＞核能 ④油＞煤＞核能＞天然氣。

54.（1）如何降低飲用水中消毒副產物三鹵甲烷？ ①先將水煮沸，打開壺蓋再煮三分鐘以上 ②先將水過濾，加氯消毒 ③先將水煮沸，加氯消毒 ④先將水過濾，打開壺蓋使其自然蒸發。

55.（4）自行煮水、包裝飲用水及包裝飲料，依生命週期評估排碳量大小順序為下列何者？ ①包裝飲用水＞自行煮水＞包裝飲料 ②包裝飲料＞自行煮水＞包裝飲用水 ③自行煮水＞包裝飲料＞包裝飲用水 ④包裝飲料＞包裝飲用水＞自行煮水。

56.（1）何項不是噪音的危害所造成的現象？ ①精神很集中 ②煩躁、失眠 ③緊張、焦慮 ④工作效率低落。

57.（2）我國移動污染源空氣污染防制費的徵收機制為何？ ①依車輛里程數計費 ②隨油品銷售徵收 ③依牌照徵收 ④依照排氣量徵收。

58.（2）室內裝潢時，若不謹慎選擇建材，將會逸散出氣狀污染物。其中會刺激皮膚、 眼、鼻和呼吸道，也是致癌物質，可能為下列哪一種污染物？ ①臭氧 ②甲醛 ③氟氯碳化合物 ④二氧化碳。

59.（1）下列哪一種氣體較易造成臭氧層被嚴重的破壞？ ①氟氯碳化物 ②二氧化硫 ③氮氧化合物 ④二氧化碳。

60.（1）高速公路旁常見有農田違法焚燒稻草，除易產生濃煙影響行車安全外，也會產生下列何種空氣污染物對人體健康造成不良的作用？ ①懸浮微粒 ②二氧化碳（CO2） ③臭氧（O3） ④沼氣。

61.（2）都市中常產生的「熱島效應」會造成何種影響？ ①增加降雨 ②空氣污染物不易擴散 ③空氣污染物易擴散 ④溫度降低。

62.（3）廢塑膠等廢棄於環境除不易腐化外，若隨一般垃圾進入焚化廠處理，可能產生下列哪一種空氣污染物對人體有致癌疑慮？ ①臭氧 ②一氧化碳 ③戴奧辛 ④沼氣。

63.（2）「垃圾強制分類」的主要目的為：A. 減少垃圾清運量 B. 回收有用資源 C. 回收廚餘予以再利用 D. 變賣賺錢？ ① ABCD ② ABC ③ ACD ④ BCD。

64.（4）一般人生活產生之廢棄物，何者屬有害廢棄物？ ①廚餘 ②鐵鋁罐 ③廢玻璃 ④廢日光燈管。

65.（2）一般辦公室影印機的碳粉匣，應如何回收？ ①拿到便利商店回收 ②交由販賣商回收 ③交由清潔隊回收 ④交給拾荒者回收。

66.（4）下列何者不是蚊蟲會傳染的疾病？ ①日本腦炎 ②瘧疾 ③登革熱 ④痢疾。

67.（4）下列何者非屬資源回收分類項目中「廢紙類」的回收物？ ①報紙 ②雜誌 ③紙袋 ④用過的衛生紙。

68.（1）下列何者對飲用瓶裝水之形容是正確的：A.飲用後之寶特瓶容器為地球增加了一個廢棄物；B.運送瓶裝水時卡車會排放空氣污染物；C.瓶裝水一定比經煮沸之自來水安全衛生？ ① AB ② BC ③ AC ④ ABC。

69.（2）下列哪一項是我們在家中常見的環境衛生用藥？ ①體香劑 ②殺蟲劑 ③洗滌劑 ④乾燥劑。

70.（1）下列哪一種是公告應回收廢棄物中的容器類：A.廢鋁箔包 B.廢紙容器 C.寶特瓶？ ① ABC ② AC ③ BC ④ C。

71.（1）下列哪些廢紙類不可以進行資源回收？ ①紙尿褲 ②包裝紙 ③雜誌 ④報紙。

72.（4）小明拿到「垃圾強制分類」的宣導海報，標語寫著「分 3 類，好 OK」，標語中的分 3 類是指家戶日常生活中產生的垃圾可以區分哪三類？ ①資源、 廚餘、事業廢棄物 ②資源、一般廢棄物、事業廢棄物 ③一般廢棄物、事業 廢棄物、放射性廢棄物 ④資源、廚餘、一般垃圾。

73.（3）日光燈管、水銀溫度計等，因含有哪一種重金屬，可能對清潔隊員造成傷害， 應與一般垃圾分開處理？ ①鉛 ②鎘 ③汞 ④鐵。

74.（2）家裡有過期的藥品，請問這些藥品要如何處理？ ①倒入馬桶沖掉 ②交由藥局回收 ③繼續服用 ④送給相同疾病的朋友。

75.（2）台灣西部海岸曾發生的綠牡蠣事件是下列何種物質污染水體有關？ ①汞 ②銅 ③磷 ④鎘。

76.（4）在生物鏈越上端的物種其體內累積持久性有機污染物（POPs）濃度將越高，危 害性也將越大，這是說明 POPs 具有下列何種特性？ ①持久性 ②半揮發性 ③高毒性 ④生物累積性。

77.（3）有關小黑蚊敘述下列何者為非？ ①活動時間又以中午十二點到下午三點為活動高峰期 ②小黑蚊的幼蟲以腐植質、青苔和藻類為食 ③無論雄性或雌性皆會吸食哺乳類動物血液 ④多存在竹林、灌木叢、雜草叢、果園等邊緣地帶等處。

78.（1）利用垃圾焚化廠處理垃圾的最主要優點為何？ ①減少處理後的垃圾體積 ②去除垃圾中所有毒物 ③減少空氣污染 ④減少處理垃圾的程序。

79.（3）利用豬隻的排泄物當燃料發電，是屬於下列那一種能源？ ①地熱能 ②太陽能 ③生質能 ④核能。

80.（2）每個人日常生活皆會產生垃圾，下列何種處理垃圾的觀念與方式是不正確的？ ①垃圾分類，使資源回收再利用 ②所有垃圾皆掩埋處理，垃圾將會自然分解 ③廚餘回收堆肥後製成肥料 ④可燃性垃圾經焚化燃燒可有效減少垃圾體積。

81.（2）防治蟲害最好的方法是 ①使用殺蟲劑 ②清除孳生源 ③網子捕捉 ④拍打。

82.（2）依廢棄物清理法之規定，隨地吐檳榔汁、檳榔渣者，應接受幾小時之戒檳班講習？ ① 2 小時 ② 4 小時 ③ 6 小時 ④ 8 小時。

83.（1）室內裝修業者承攬裝修工程，工程中所產生的廢棄物應該如何處理？ ①委託合法清除機構清運 ②倒在偏遠山坡地 ③河岸邊掩埋 ④交給清潔隊垃圾車。

84.（1）若使用後的廢電池未經回收，直接廢棄所含重金屬物質曝露於環境中可能產生那些影響：A. 地下水污染、B. 對人體產生中毒等不良作用、C. 對生物產生重金屬累積及濃縮作用、D. 造成優養化？ ① ABC ② ABCD ③ ACD ④ BCD。

85.（3）哪一種家庭廢棄物可用來作為製造肥皂的主要原料？ ①食醋 ②果皮 ③回鍋油 ④熟廚餘。

86.（2）家戶大型垃圾應由誰負責處理？ ①行政院環境保護署 ②當地政府清潔隊 ③行政院 ④內政部。

87.（3）根據環保署資料顯示，世紀之毒「戴奧辛」主要透過何者方式進入人體？ ①透過觸摸 ②透過呼吸 ③透過飲食 ④透過雨水。

88.（2）陳先生到機車行換機油時，發現機車行老闆將廢機油直接倒入路旁的排水溝，請問這樣的行為是違反了 ①道路交通管理處罰條例 ②廢棄物清理法 ③職業安全衛生法 ④飲用水管理條例。

89.（1）亂丟香菸蒂，此行為已違反什麼規定？ ①廢棄物清理法 ②民法 ③刑法 ④毒性化學物質管理法。

90.（4）實施「垃圾費隨袋徵收」政策的好處為何：A. 減少家戶垃圾費用支出 B. 全民 主動參與資源回收 C. 有效垃圾減量？ ① AB ② AC ③ BC ④ ABC。

91.（1）臺灣地狹人稠，垃圾處理一直是不易解決的問題，下列何種是較佳的因應對策？ ①垃圾分類資源回收 ②蓋焚化廠 ③運至國外處理 ④向海爭地掩埋。

92.（2）臺灣嘉南沿海一帶發生的烏腳病可能為哪一種重金屬引起？ ①汞 ②砷 ③鉛 ④鎘。

93.（2）遛狗不清理狗的排泄物係違反哪一法規？ ①水污染防治法 ②廢棄物清理法 ③毒性化學物質管理法 ④空氣污染防制法。

94.（3）酸雨對土壤可能造成的影響，下列何者正確？ ①土壤更肥沃 ②土壤液化 ③土壤中的重金屬釋出 ④土壤礦化。

95.（3）購買下列哪一種商品對環境比較友善？ ①用過即丟的商品 ②一次性的產品 ③材質可以回收的商品 ④過度包裝的商品。

96.（4）醫療院所用過的棉球、紗布、針筒、針頭等感染性事業廢棄物屬於 ①一般事業廢棄物 ②資源回收物 ③一般廢棄物 ④有害事業廢棄物。

97.（2）下列何項法規的立法目的為預防及減輕開發行為對環境造成不良影響，藉以達成環境保護之目的？ ①公害糾紛處理法 ②環境影響評估法 ③環境基本法 ④環境教育法。

98.（4）下列何種開發行為若對環境有不良影響之虞者，應實施環境影響評估：A. 開發科學園區；B. 新建捷運工程；C. 採礦。 ① AB ② BC ③ AC ④ ABC。

99.（1）主管機關審查環境影響說明書或評估書，如認為已足以判斷未對環境有重大影響之虞，作成之審查結論可能為下列何者？①通過環境影響評估審查 ② 應繼續進行第二階段環境影響評估 ③認定不應開發 ④補充修正資料再審。

100.（4）依環境影響評估法規定，對環境有重大影響之虞的開發行為應繼續進行第二 階段環境影響評估，下列何者不是上述對環境有重大影響之虞或應進行第二 階段環境影響評估的決定方式？ ①明訂開發行為及規模 ②環評委員會審查認定 ③自願進行 ④有民眾或團體抗爭。

90009 節能減碳共同科目 不分級

工作項目：節能減碳

1. （3）依能源局「指定能源用戶應遵行之節約能源規定」，下列何場所未在其管制之範圍？ ①旅館 ②餐廳 ③住家 ④美容美髮店 。

2. （1）依能源局「指定能源用戶應遵行之節約能源規定」，在正常使用條件下，公 眾出入之場所其室內冷氣溫度平均值不得低於攝氏幾度？ ① 26 ② 25 ③ 24 ④ 22 。

3. （2）下列何者為節能標章？ ①  ②  ③  ④  。

4. （4）各產業中耗能佔比最大的產業為 ①服務業 ②公用事業 ③農林漁牧業 ④能源密集產業 。

5. （1）下列何者非省能的做法？ ①電冰箱溫度長時間調在強冷或急冷 ②影印機當 15 分鐘無人使用時，自動進入省電模式 ③電視機勿背著窗戶或面對窗戶，並避免太陽直射 ④汽車不行駛短程，較短程旅運應儘量搭乘公車、騎單車或步行 。

6. （3）經濟部能源局的能源效率標示分為幾個等級？ ① 1 ② 3 ③ 5 ④ 7 。

7. （2）溫室氣體排放量：指自排放源排出之各種溫室氣體量乘以各該物質溫暖化潛勢所得之合計量，以 ①氧化亞氮（N_2O） ②二氧化碳（CO_2） ③甲烷（CH_4） ④六氟化硫（SF_6） 當量表示。

8. （4）國家溫室氣體長期減量目標為中華民國 139 年溫室氣體排放量降為中華民國 94 年溫室氣體排放量百分之 ① 20 ② 30 ③ 40 ④ 50 以下。

9. （2）溫室氣體減量及管理法所稱主管機關，在中央為下列何單位？ ①經濟部能源局 ②行政院環境保護署 ③國家發展委員會 ④衛生福利部 。

10. （3）溫室氣體減量及管理法中所稱：一單位之排放額度相當於允許排放 ① 1 公斤 ② 1 立方米 ③ 1 公噸 ④ 1 公擔 之二氧化碳當量。

11. （3）下列何者不是全球暖化帶來的影響？ ①洪水 ②熱浪 ③地震 ④旱災 。

12. （1）下列何種方法無法減少二氧化碳？ ①想吃多少儘量點，剩下可當廚餘回收 ②選購當地、當季食材，減少運輸碳足跡 ③多吃蔬菜，少吃肉 ④自備杯筷，減少免洗用具垃圾量 。

13. （3）下列何者不會減少溫室氣體的排放？ ①減少使用煤、石油等化石燃料 ②大量植樹造林，禁止亂砍亂伐 ③增高燃煤氣體排放的煙囪 ④開發太陽能、水能等新能源 。

14. （4）關於綠色採購的敘述，下列何者錯誤？ ①採購回收材料製造之物品 ②採購的產品對環境及人類健康有最小的傷害性 ③選購產品對環境傷害較少、污染程度較低者 ④以精美包裝為主要首選 。

15. （1）一旦大氣中的二氧化碳含量增加，會引起哪一種後果？ ①溫室效應惡化 ②臭氧層破洞 ③冰期來臨 ④海平面下降 。

16. （3）關於建築中常用的金屬玻璃帷幕牆，下列敘述何者正確？ ①玻璃帷幕牆的使用能

節省室內空調使用 ②玻璃帷幕牆適用於臺灣，讓夏天的室內產生溫暖的感覺 ③在溫度高的國家，建築使用金屬玻璃帷幕會造成日照輻射熱，產生室內「溫室效應」 ④臺灣的氣候濕熱，特別適合在大樓以金屬玻璃帷幕作為建材。

17. （4）下列何者不是能源之類型？ ①電力 ②壓縮空氣 ③蒸汽 ④熱傳 。

18. （1）我國已制定能源管理系統標準為 ① CNS 50001 ② CNS 12681 ③ CNS 14001 ④ CNS 22000 。

19. （1）台灣電力公司所謂的離峰用電時段為何？ ① 22：30 ～ 07：30 ② 22：00 ～ 07：00 ③ 23：00 ～ 08：00 ④ 23：30 ～ 08：30 。

20. （1）基於節能減碳的目標，下列何種光源發光效率最低，不鼓勵使用？ ①白熾燈泡 ② LED 燈泡 ③省電燈泡 ④螢光燈管 。

21. （1）下列哪一項的能源效率標示級數較省電？ ① 1 ② 2 ③ 3 ④ 4 。

22. （4）下列何者不是目前台灣主要的發電方式？ ①燃煤 ②燃氣 ③核能 ④地熱 。

23. （2）有關延長線及電線的使用，下列敘述何者錯誤？ ①拔下延長線插頭時，應手握插頭取下 ②使用中之延長線如有異味產生，屬正常現象不須理會 ③應避開火源，以免外覆塑膠熔解，致使用時造成短路 ④使用老舊之延長線，容易造成短路、漏電或觸電等危險情形，應立即更換 。

24. （1）有關觸電的處理方式，下列敘述何者錯誤？ ①應立刻將觸電者拉離現場 ②把電源開關關閉 ③通知救護人員 ④使用絕緣的裝備來移除電源 。

25. （2）目前電費單中，係以「度」為收費依據，請問下列何者為其單位？ ① kW ② kWh ③ kJ ④ kJh 。

26. （4）依據台灣電力公司三段式時間電價（尖峰、半尖峰及離峰時段）的規定，請問哪個時段電價最便宜？ ①尖峰時段 ②夏月半尖峰時段 ③非夏月半尖峰時段 ④離峰時段 。

27. （2）當電力設備遭遇電源不足或輸配電設備受限制時，導致用戶暫停或減少用電的情形，常以下列何者名稱出現？ ①停電 ②限電 ③斷電 ④配電 。

28. （2）照明控制可以達到節能與省電費的好處，下列何種方法最適合一般住宅社區兼顧節能、經濟性與實際照明需求？ ①加裝 DALI 全自動控制系統 ②走廊與地下停車場選用紅外線感應控制電燈 ③全面調低照度需求 ④晚上關閉所有公共區域的照明 。

29. （2）上班性質的商辦大樓為了降低尖峰時段用電，下列何者是錯的？ ①使用儲冰式空調系統減少白天空調電能需求 ②白天有陽光照明，所以白天可以將照明設備全關掉 ③汰換老舊電梯馬達並使用變頻控制 ④電梯設定隔層停止控制，減少頻繁啟動 。

30. （2）為了節能與降低電費的需求，家電產品的正確選用應該如何？ ①選用高功率的產品效率較高 ②優先選用取得節能標章的產品 ③設備沒有壞，還是堪用，繼續用，不會增加支出 ④選用能效分級數字較高的產品，效率較高，5 級的比 1 級的電器產品更省電 。

31. （3）有效而正確的節能從選購產品開始，就一般而言，下列的因素中，何者是選購電氣設備的最優先考量項目？ ①用電量消耗電功率是多少瓦攸關電費支出，用電量小的優先 ②採購價格比較，便宜優先 ③安全第一，一定要通過安規檢驗合格 ④名人或演藝明星推薦，應該口碑較好 。

32.（3）高效率燈具如果要降低眩光的不舒服，下列何者與降低刺眼眩光影響無關？ ①光源下方加裝擴散板或擴散膜 ②燈具的遮光板 ③光源的色溫 ④採用間接照明 。

33.（1）一般而言，螢光燈的發光效率與長度有關嗎？ ①有關，越長的螢光燈管，發光效率越高 ②無關，發光效率只與燈管直徑有關 ③有關，越長的螢光燈管，發光效率越低 ④無關，發光效率只與色溫有關 。

34.（4）用電熱爐煮火鍋，採用中溫 50% 加熱，比用高溫 100% 加熱，將同一鍋水煮開，下列何者是對的？ ①中溫 50% 加熱比較省電 ②高溫 100% 加熱比較省電 ③中溫 50% 加熱，電流反而比較大 ④兩種方式用電量是一樣的 。

35.（2）電力公司為降低尖峰負載時段超載停電風險，將尖峰時段電價費率（每度電單價）提高，離峰時段的費率降低，引導用戶轉移部分負載至離峰時段，這種電能管理策略稱為 ①需量競價 ②時間電價 ③可停電力 ④表燈用戶彈性電價 。

36.（2）集合式住宅的地下停車場需要維持通風良好的空氣品質，又要兼顧節能效益，下列的排風扇控制方式何者是不恰當的？ ①淘汰老舊排風扇，改裝取得節能標章、適當容量高效率風扇 ②兩天一次運轉通風扇就好了 ③結合一氧化碳偵測器，自動啟動 / 停止控制 ④設定每天早晚二次定期啟動排風扇 。

37.（2）大樓電梯為了節能及生活便利需求，可設定部分控制功能，下列何者是錯誤或不正確的做法？ ①加感應開關，無人時自動關燈與通風扇 ②縮短每次開門 / 關門的時間 ③電梯設定隔樓層停靠，減少頻繁啟動 ④電梯馬達加裝變頻控制 。

38.（4）為了節能及兼顧冰箱的保溫效果，下列何者是錯誤或不正確的做法？ ①冰箱內上下層間不要塞滿，以利冷藏對流 ②食物存放位置紀錄清楚，一次拿齊食物，減少開門次數 ③冰箱門的密封壓條如果鬆弛，無法緊密關門，應儘速更新修復 ④冰箱內食物擺滿塞滿，效益最高 。

39.（2）就加熱及節能觀點來評比，電鍋剩飯持續保溫至隔天再食用，與先放冰箱冷藏，隔天用微波爐加熱，下列何者是對的？ ①持續保溫較省電 ②微波爐再加熱比較省電又方便 ③兩者一樣 ④優先選電鍋保溫方式，因為馬上就可以吃 。

40.（2）不斷電系統 UPS 與緊急發電機的裝置都是應付臨時性供電狀況；停電時，下列的陳述何者是對的？ ①緊急發電機會先啟動，不斷電系統 UPS 是後備的 ②不斷電系統 UPS 先啟動，緊急發電機是後備的 ③兩者同時啟動 ④不斷電系統 UPS 可以撐比較久 。

41.（2）下列何者為非再生能源？ ①地熱能 ②焦媒 ③太陽能 ④水力能 。

42.（1）欲降低由玻璃部分侵入之熱負載，下列的改善方法何者錯誤？ ①加裝深色窗簾 ②裝設百葉窗 ③換裝雙層玻璃 ④貼隔熱反射膠片 。

43.（1）一般桶裝瓦斯（液化石油氣）主要成分為 ①丙烷 ②甲烷 ③辛烷 ④乙炔及丁烷。

44.（1）在正常操作，且提供相同使用條件之情形下，下列何種暖氣設備之能源效率最高？ ①冷暖氣機 ②電熱風扇 ③電熱輻射機 ④電暖爐 。

45.（4）下列何種熱水器所需能源費用最少？ ①電熱水器 ②天然瓦斯熱水器 ③柴油鍋爐熱水器 ④熱泵熱水器 。

46.（4）某公司希望能進行節能減碳，為地球盡點心力，以下何種作為並不恰當？ ①將採購規定列入以下文字：「汰換設備時首先考慮能源效率 1 級或具有節能標章之產品」

②盤查所有能源使用設備 ③實行能源管理 ④為考慮經營成本，汰換設備時採買最便宜的機種 。

47. (2) 冷氣外洩會造成能源之消耗，下列何者最耗能？ ①全開式有氣簾 ②全開式無氣簾 ③自動門有氣簾 ④自動門無氣簾 。

48. (4) 下列何者不是潔淨能源？ ①風能 ②地熱 ③太陽能 ④頁岩氣 。

49. (2) 有關再生能源的使用限制，下列何者敘述有誤？ ①風力、太陽能屬間歇性能源，供應不穩定 ②不易受天氣影響 ③需較大的土地面積 ④設置成本較高 。

50. (4) 全球暖化潛勢（Global Warming Potential, GWP）是衡量溫室氣體對全球暖化的影響，下列何者 GWP 表現較差？ ① 200 ② 300 ③ 400 ④ 500 。

51. (3) 有關台灣能源發展所面臨的挑戰，下列何者為非？ ①進口能源依存度高，能源安全易受國際影響 ②化石能源所占比例高，溫室氣體減量壓力大 ③自產能源充足，不需仰賴進口 ④能源密集度較先進國家仍有改善空間 。

52. (3) 若發生瓦斯外洩之情形，下列處理方法何者錯誤？ ①應先關閉瓦斯爐或熱水器等開關 ②緩慢地打開門窗，讓瓦斯自然飄散 ③開啟電風扇，加強空氣流動 ④在漏氣止住前，應保持警戒，嚴禁煙火 。

53. (1) 全球暖化潛勢（Global Warming Potential, GWP）是衡量溫室氣體對全球暖化的影響，其中是以何者為比較基準？ ① CO_2 ② CH_4 ③ SF_6 ④ N_2O 。

54. (4) 有關建築之外殼節能設計，下列敘述何者有誤？ ①開窗區域設置遮陽設備 ②大開窗面避免設置於東西日曬方位 ③做好屋頂隔熱設施 ④宜採用全面玻璃造型設計，以利自然採光 。

55. (1) 下列何者燈泡發光效率最高？ ① LED 燈泡 ②省電燈泡 ③白熾燈泡 ④鹵素燈泡 。

56. (4) 有關吹風機使用注意事項，下列敘述何者有誤？ ①請勿在潮濕的地方使用，以免觸電危險 ②應保持吹風機進、出風口之空氣流通，以免造成過熱 ③應避免長時間使用，使用時應保持適當的距離 ④可用來作為烘乾棉被及床單等用途 。

57. (2) 下列何者是造成聖嬰現象發生的主要原因？ ①臭氧層破洞 ②溫室效應 ③霧霾 ④颱風 。

58. (4) 為了避免漏電而危害生命安全，下列何者不是正確的做法？ ①做好用電設備金屬外殼的接地 ②有濕氣的用電場合，線路加裝漏電斷路器 ③加強定期的漏電檢查及維護 ④使用保險絲來防止漏電的危險性 。

59. (1) 用電設備的線路保護用電力熔絲（保險絲）經常燒斷，造成停電的不便，下列 何者不是正確的作法？ ①換大一級或大兩級規格的保險絲或斷路器就不會燒斷了 ②減少線路連接的電氣設備，降低用電量 ③重新設計線路，改較粗的導線或用兩迴路並聯 ④提高用電設備的功率因數 。

60. (2) 政府為推廣節能設備而補助民眾汰換老舊設備，下列何者的節電效益最佳？ ①將桌上檯燈光源由螢光燈換為 LED 燈 ②優先淘汰 10 年以上的老舊冷氣機為能源效率標示分級中之一級冷氣機 ③汰換電風扇，改裝設能源效率標示分級為一級的冷氣機 ④因為經費有限，選擇便宜的產品比較重要 。

61. (1) 依據我國現行國家標準規定，冷氣機的冷氣能力標示應以何種單位表示？ ① kW ② BTU/h ③ kcal/h ④ RT 。

62. （1）漏電影響節電成效，並且影響用電安全，簡易的查修方法為 ①電氣材料行買支驗電起子，碰觸電氣設備的外殼，就可查出漏電與否 ②用手碰觸就可以知道有無漏電 ③用三用電表檢查 ④看電費單有無紀錄 。

63. （2）使用了 10 幾年的通風換氣扇老舊又骯髒，噪音又大，維修時採取下列哪一種對策最為正確及節能？ ①定期拆下來清洗油垢 ②不必再猶豫，10 年以上的電扇效率偏低，直接換為高效率通風扇 ③直接噴沙拉脫清潔劑就可以了，省錢又方便 ④高效率通風扇較貴，換同機型的廠內備用品就好了 。

64. （3）電氣設備維修時，在關掉電源後，最好停留 1 至 5 分鐘才開始檢修，其主要的理由為下列何者？ ①先平靜心情，做好準備才動手 ②讓機器設備降溫下來再查修 ③讓裡面的電容器有時間放電完畢，才安全 ④法規沒有規定，這完全沒有必要 。

65. （1）電氣設備裝設於有潮濕水氣的環境時，最應該優先檢查及確認的措施是 ① 有無在線路上裝設漏電斷路器 ②電氣設備上有無安全保險絲 ③有無過載及過熱保護設備 ④有無可能傾倒及生鏽 。

66. （1）為保持中央空調主機效率，每 ①半 ②1 ③1.5 ④2 年應請維護廠商或保養人 員檢視中央空調主機。

67. （1）家庭用電最大宗來自於 ①空調及照明 ②電腦 ③電視 ④吹風機 。

68. （2）為減少日照增加空調負載，下列何種處理方式是錯誤的？ ①窗戶裝設窗簾或貼隔熱紙 ②將窗戶或門開啟，讓屋內外空氣自然對流 ③屋頂加裝隔熱材、高反射率塗料或噴水 ④於屋頂進行薄層綠化 。

69. （2）電冰箱放置處，四周應至少預留離牆多少公分之散熱空間，以達省電效果？①5 ②10 ③15 ④20 。

70. （2）下列何項不是照明節能改善需優先考量之因素？ ①照明方式是否適當 ②燈具之外型是否美觀 ③照明之品質是否適當 ④照度是否適當 。

71. （2）醫院、飯店或宿舍之熱水系統耗能大，要設置熱水系統時，應優先選用何種熱水系統較節能？ ①電能熱水系統 ②熱泵熱水系統 ③瓦斯熱水系統 ④重油熱水系統 。

72. （4）如下圖，你知道這是什麼標章嗎？ ①省水標章 ②環保標章 ③奈米標章 ④能源效率標示 。

73. （3）台灣電力公司電價表所指的夏月用電月份（電價比其他月份高）是為 ①4/1 ～ 7/31 ②5/1 ～ 8/31 ③6/1 ～ 9/30 ④7/1 ～ 10/31 。

74. （1）屋頂隔熱可有效降低空調用電，下列何項措施較不適當？ ①屋頂儲水隔熱 ②屋頂綠化 ③於適當位置設置太陽能板發電同時加以隔熱 ④鋪設隔熱磚 。

75. （1）電腦機房使用時間長、耗電量大，下列何項措施對電腦機房之用電管理較不適當？ ①機房設定較低之溫度 ②設置冷熱通道 ③使用較高效率之空調設備 ④使用新型高效能電腦設備 。

76. (3) 下列有關省水標章的敘述何者正確? ①省水標章是環保署為推動使用節水器材,特別研定以作為消費者辨識省水產品的一種標誌 ②獲得省水標章的產品並無嚴格測試,所以對消費者並無一定的保障 ③省水標章能激勵廠商重視省水產品的研發與製造,進而達到推廣節水良性循環之目的 ④省水標章除有用水設備外,亦可使用於冷氣或冰箱上 。

77. (2) 透過淋浴習慣的改變就可以節約用水,以下的何種方式正確? ①淋浴時抹肥皂,無需將蓮蓬頭暫時關上 ②等待熱水前流出的冷水可以用水桶接起來再利用 ③淋浴流下的水不可以刷洗浴室地板 ④淋浴沖澡流下的水,可以儲 蓄洗菜使用 。

78. (1) 家人洗澡時,一個接一個連續洗,也是一種有效的省水方式嗎? ①是,因為可以節省等熱水流出所流失的冷水 ②否,這跟省水沒什麼關係,不用這麼麻煩 ③否,因為等熱水時流出的水量不多 ④有可能省水也可能不省水, 無法定論 。

79. (2) 下列何種方式有助於節省洗衣機的用水量? ①洗衣機洗滌的衣物盡量裝滿,一次洗完 ②購買洗衣機時選購有省水標章的洗衣機,可有效節約用水 ③無需將衣物適當分類 ④洗濯衣物時盡量選擇高水位才洗的乾淨 。

80. (3) 如果水龍頭流量過大,下列何種處理方式是錯誤的? ①加裝節水墊片或起波器 ②加裝可自動關閉水龍頭的自動感應器 ③直接換裝沒有省水標章的水龍頭 ④直接調整水龍頭到適當水量 。

81. (4) 洗菜水、洗碗水、洗衣水、洗澡水等的清洗水,不可直接利用來做什麼用途? ①洗地板 ②沖馬桶 ③澆花 ④飲用水 。

82. (1) 如果馬桶有不正常的漏水問題,下列何者處理方式是錯誤的? ①因為馬桶還能正常使用,所以不用著急,等到不能用時再報修即可 ②立刻檢查馬桶水箱零件有無鬆脫,並確認有無漏水 ③滴幾滴食用色素到水箱裡,檢查有無有色水流進馬桶,代表可能有漏水 ④通知水電行或檢修人員來檢修,徹底根絕漏水問題 。

83. (3) 「度」是水費的計量單位,你知道一度水的容量大約有多少? ① 2,000 公升 ② 3000 個 600cc 的寶特瓶 ③ 1 立方公尺的水量 ④ 3 立方公尺的水量 。

84. (3) 臺灣在一年中什麼時期會比較缺水(即枯水期)? ① 6 月至 9 月 ② 9 月至 12 月 ③ 11 月至次年 4 月 ④臺灣全年不缺水 。

85. (4) 下列何種現象不是直接造成台灣缺水的原因? ①降雨季節分佈不平均,有時候連續好幾個月不下雨,有時又會下起豪大雨 ②地形山高坡陡,所以雨一下很快就會流入大海 ③因為民生與工商業用水需求量都愈來愈大,所以缺水季節很容易無水可用 ④台灣地區夏天過熱,致蒸發量過大 。

86. (3) 冷凍食品該如何讓它退冰,才是既「節能」又「省水」? ①直接用水沖食物強迫退冰 ②使用微波爐解凍快速又方便 ③烹煮前盡早拿出來放置退冰 ④用熱水浸泡,每 5 分鐘更換一次 。

87. (2) 洗碗、洗菜用何種方式可以達到清洗又省水的效果? ①對著水龍頭直接沖洗,且要盡量將水龍頭開大才能確保洗的乾淨 ②將適量的水放在盆槽內洗濯,以減少用水 ③把碗盤、菜等浸在水盆裡,再開水龍頭拼命沖水 ④用熱水及冷水大量交叉沖洗達到最佳清洗效果 。

88. (4) 解決台灣水荒(缺水)問題的無效對策是 ①興建水庫、蓄洪(豐)濟枯 ②全面節約用水 ③水資源重複利用,海水淡化…等 ④積極推動全民體育運動 。

89.（3）如下圖，你知道這是什麼標章嗎？ ①奈米標章 ②環保標章 ③省水標章 ④節能標章 。

90.（3）澆花的時間何時較為適當，水分不易蒸發又對植物最好？ ①正中午 ②下午時段 ③清晨或傍晚 ④半夜十二點 。

91.（3）下列何種方式沒有辦法降低洗衣機之使用水量，所以不建議採用？ ①使用低水位清洗 ②選擇快洗行程 ③兩、三件衣服也丟洗衣機洗 ④選擇有自動調節水量的洗衣機，洗衣清洗前先脫水 1 次 。

92.（3）下列何種省水馬桶的使用觀念與方式是錯誤的？ ①選用衛浴設備時最好能採用省水標章馬桶 ②如果家裡的馬桶是傳統舊式，可以加裝二段式沖水配件 ③省水馬桶因為水量較小，會有沖不乾淨的問題，所以應該多沖幾次 ④因為馬桶是家裡用水的大宗，所以應該儘量採用省水馬桶來節約用水 。

93.（3）下列何種洗車方式無法節約用水？ ①使用有開關的水管可以隨時控制出水 ②用水桶及海綿抹布擦洗 ③用水管強力沖洗 ④利用機械自動洗車，洗車水處理循環使用 。

94.（1）下列何種現象無法看出家裡有漏水的問題？ ①水龍頭打開使用時，水表的指針持續在轉動 ②牆面、地面或天花板忽然出現潮濕的現象 ③馬桶裡的水常在晃動，或是沒辦法止水 ④水費有大幅度增加 。

95.（2）蓮蓬頭出水量過大時，下列何者無法達到省水？ ①換裝有省水標章的低流量（5 ～ 10L/min）蓮蓬頭 ②淋浴時水量開大，無需改變使用方法 ③洗澡時間盡 量縮短，塗抹肥皂時要把蓮蓬頭關起來 ④調整熱水器水量到適中位置 。

96.（4）自來水淨水步驟，何者為非？ ①混凝 ②沉澱 ③過濾 ④煮沸 。

97.（1）為了取得良好的水資源，通常在河川的哪一段興建水庫？ ①上游 ②中游 ③下游 ④下游出口 。

98.（1）台灣是屬缺水地區，每人每年實際分配到可利用水量是世界平均值的多少？ ①六分之一 ②二分之一 ③四分之一 ④五分之一 。

99.（3）台灣年降雨量是世界平均值的 2.6 倍，卻仍屬缺水地區，原因何者為非？ ①台灣由於山坡陡峻，以及颱風豪雨雨勢急促，大部分的降雨量皆迅速流入海洋 ②降雨量在地域、季節分佈極不平均 ③水庫蓋得太少 ④台灣自來水水價過於便宜 。

100.（3）電源插座堆積灰塵可能引起電氣意外火災，維護保養時的正確做法是 ①可以先用刷子刷去積塵 ②直接用吹風機吹開灰塵就可以了 ③應先關閉電源總開關箱內控制該插座的分路開關 ④可以用金屬接點清潔劑噴在插座中去除銹蝕 。

90010 食品安全衛生及營養相關職類共同科目 不分級

工作項目 01：食品安全衛生

1. （1）食品從業人員經醫師診斷罹患下列哪些疾病不得從事與食品接觸之工作 A. 手部皮膚病 B. 愛滋病 C. 高血壓 D. 結核病 E. 梅毒 F. A 型肝炎 G. 出疹 H. B 型肝炎 I. 胃潰瘍 J. 傷寒 ① ADFGJ ② BDFHJ ③ ADEFJ ④ DEFIJ。
2. （2）食品從業人員之健康檢查報告應存放於何處備查 ①乾料庫房 ②辦公室的文件保存區 ③鍋具存放櫃 ④主廚自家。
3. （2）下列有關食品從業人員戴口罩之敘述何者正確 ①為了環保，口罩需重複使用 ②口罩應完整覆蓋口鼻，注意鼻部不可露出 ③「食品良好衛生規範準則」規定食品從業人員應全程戴口罩 ④戴口罩可避免頭髮污染到食品。
4. （2）洗手之衛生，下列何者正確 ①手上沒有污垢就可以不用洗手 ②洗手是預防交叉污染最好的方法 ③洗淨雙手是忙碌時可以忽略的一個步驟 ④戴手套之前可以不用洗手。
5. （3）下列何者是正確的洗手方式 ①使用清水沖一沖雙手即可，不需特別使用洗手乳 ②慣用手有洗就好，另一隻手可以忽略 ③使用洗手乳或肥皂洗手並以流動的乾淨水源沖洗手部 ④洗手後用圍裙將手部擦乾。
6. （1）食品從業人員正確洗手步驟為「濕、洗、刷、搓、沖、乾」，其中的「刷」是什麼意思 ①使用乾淨的刷子把指尖和指甲刷乾淨 ②使用乾淨的刷子把手心刷乾淨 ③使用乾淨的刷子把手肘刷乾淨 ④使用乾淨的刷子把洗手台刷乾淨。
7. （4）下列何者為使用酒精消毒手部的正確注意事項 ①應選擇工業用酒精效果較好 ②可以用酒精消毒取代洗手 ③酒精噴越多效果越好 ④噴灑酒精後，宜等酒精揮發再碰觸食品。
8. （4）從事食品作業時，下列何者為戴手套的正確觀念 ①手套應選擇越小的越好，比較不容易脫落 ②雙手若有傷口時，應先佩戴手套後再包紮傷口 ③只要戴手套就可以完全避免手部污染食品 ④佩戴手套的品質應符合「食品器具容器包裝衛生標準」。
9. （3）正確的手部消毒酒精的濃度為 ① 90-100% ② 80-90% ③ 70-75% ④ 50-60%。
10. （1）食品從業人員如配戴手套，下列哪個時機宜更換手套 ①更換至不同作業區之前 ②上廁所之前 ③倒垃圾之前 ④下班打卡之前。
11. （2）食品從業人員之個人衛生，下列敘述何者正確 ①指甲應留長以利剝除蝦殼 ②不應佩戴假指甲，因其可能會斷裂而掉入食品中 ③應擦指甲油保持手部的美觀 ④指甲剪短就可以不用洗手。
12. （1）以下保持圍裙清潔的做法何者正確 ①圍裙可依作業區清潔度以不同顏色區分 ②脫下的圍裙可隨意跟脫下來的髒衣服掛在一起 ③上洗手間時不需脫掉圍裙 ④如果公司沒有洗衣機就不需每日清洗圍裙。
13. （3）以下敘述何者正確 ①為了計時烹煮時間，廚師應隨時佩戴手錶 ②因為廚房太熱所以可以穿著背心及短褲處理食品 ③工作鞋應具有防水防滑功能 ④為了提神可以在烹調食品時喝藥酒。

14.（3）以下對於廚師在工作場合的飲食規範，何者正確 ①自己的飲料可以跟製備好的食品混放在冰箱 ②肚子餓了可以順手拿客人的菜餚來吃 ③為避免口水中的病原菌或病毒轉移到食品中，製備食品時禁止吃東西 ④為了預防蛀牙可以在烹調食品時嚼無糖口香糖。

15.（2）以下對於食品從業人員的健康管理何者正確 ①只要食材及環境衛生良好，即使人員感染上食媒性疾病也不會污染食品 ②食品從業人員應每日注意健康狀況，遇有身體不適應避免接觸食品 ③只有發燒沒有咳嗽就可以放心處理食品 ④腹瀉只要注意每次如廁後把雙手洗乾淨就可處理食品。

16.（4）感染諾羅病毒至少要症狀解除多久後，才能再從事接觸食品的工作 ① 12 小時 ② 24 小時 ③ 36 小時 ④ 48 小時。

17.（2）若員工在上班期間報告身體不適，主管應該 ①勉強員工繼續上班 ②請員工儘速就醫並了解造成身體不適的正確原因 ③辭退員工 ④責罵員工。

18.（2）外場服務人員的衛生規則何者正確 ①將食品盡可能的堆疊在托盤上，一次端送給客人 ②外場人員應避免直接進入內場烹調區，而是在專門的緩衝區域進行菜餚的傳送 ③傳送前不須檢查菜餚內是否有異物 ④如果地板看起來很乾淨，掉落於地板的餐具就可以撿起來直接再供顧客使用。

19.（3）食品從業人員的衛生教育訓練內容最重要的是 ①成本控制 ②新產品開發 ③個人與環境衛生維護 ④滅火器認識。

20.（4）下列內場操作人員的衛生規則何者正確 ①為操作方便可以用沙拉油桶墊腳 ②可直接以口對著湯勺試吃 ③可直接在操作台旁會客 ④使用適當且乾淨的器具進行菜餚的排盤。

21.（3）食品從業人員健康檢查及教育訓練記錄應保存幾年 ①一年 ②三年 ③五年 ④七年。

22.（4）下列何者對乾燥的抵抗力最強 ①黴菌 ②酵母菌 ③細菌 ④酵素。

23.（1）水活性在多少以下細菌較不易孳生 ① 0.84 ② 0.87 ③ 0.90 ④ 0.93。

24.（1）肉毒桿菌在酸鹼值（pH）多少以下生長會受到抑制 ① 4.6 ② 5.6 ③ 6.6 ④ 7.6。

25.（1）進行食品危害分析時須包括化學性、物理性及下列何者 ①生物性 ②化工性 ③機械性 ④電機性。

26.（1）關於諾羅病毒的敘述，下列何者正確 ① 1-10 個病毒即可致病 ②用 75% 酒精可以殺死 ③外層有脂肪膜 ④若貝類生長於受人類糞便污染的海域，病毒易蓄積於閉殼肌。

27.（4）下列何者為最常見的毒素型病原菌 ①李斯特菌 ②腸炎弧菌 ③曲狀桿菌 ④金黃色葡萄球菌。

28.（2）與水產食品中毒較相關的病原菌是 ①李斯特菌 ②腸炎弧菌 ③曲狀桿菌 ④葡萄球菌。

29.（3）經調查檢驗後確認引起疾病之病原菌為腸炎弧菌，則該腸炎弧菌即為 ①原因物質 ②事因物質 ③病因物質 ④肇因物質。

30.（3）一般而言，一件食品中毒案件之敘述，下列何者正確 ①有嘔吐腹瀉症狀即成立 ②民眾檢舉即成立 ③二人或二人以上攝取相同的食品而發生相似的症狀 ④多人以上攝取相同的食品而發生不同的症狀。

31.（1）關於肉毒桿菌食品中毒案件之敘述，下列何者正確 ①一人血清檢體中檢出毒素即成

立 ②媒體報導即成立 ③三人或三人以上攝取相同的食品而發生相似的症狀 ④多人以上攝取相同的食品而發生不同的症狀。

32. (4) 關於肉毒桿菌特性之敘述，下列何者正確 ①是肉條發霉 ②是肉腐敗所產生之細菌 ③是肉變臭之前兆 ④是會產生神經毒素。

33. (1) 河豚毒素中毒症狀多於食用後 ① 3 小時內（通常是 10 ～ 45 分鐘）產生 ② 6 小時內（通常是 60 ～ 120 分鐘）產生 ③ 12 小時內（通常是 60 ～ 120 分鐘） 產生 ④ 24 小時內（通常是 120 ～ 240 分鐘）產生。

34. (2) 一般而言，河豚最劇毒的部位是 ①腸、皮膚 ②卵巢、肝臟 ③眼睛 ④肉。

35. (4) 河豚毒素是屬於哪一種毒素 ①腸病毒 ②肝病毒 ③肺病毒 ④神經毒。

36. (4) 下列哪一種化學物質會造成類過敏的食品中毒 ①黴菌毒素 ②麻痺性貝毒 ③食品添加物 ④組織胺。

37. (1) 下列哪一種屬於天然毒素 ①黴菌毒素 ②農藥 ③食品添加物 ④保險粉。

38. (2) 腸炎弧菌主要存在於下列何種食材，須熟食且避免交叉汙染 ①牛肉 ②海產 ③蛋 ④雞肉。

39. (3) 沙門氏桿菌主要存在於下列何種食材，須熟食且避免交叉汙染 ①蔬菜 ②海產 ③禽肉 ④水果。

40. (3) 低酸性真空包裝食品如果處理不當，容易因下列何者或其毒素引起食品中毒 ①李斯特菌 ②腸炎弧菌 ③肉毒桿菌 ④葡萄球菌。

41. (2) 廚師很喜歡自己製造 XO 醬，如果裝罐封瓶時滅菌不當，極可能產生下列哪一種食品中毒 ①李斯特菌 ②肉毒桿菌 ③腸炎弧菌 ④葡萄球菌。

42. (1) 過氧化氫造成食品中毒的原因食品常見的為 ①烏龍麵、豆干絲及豆干 ②餅乾 ③乳品、乳酪 ④罐頭食品。

43. (2) 組織胺中毒常發生於腐敗之水產魚肉中，但組織胺是 ①不耐熱，加熱即可破壞 ②耐熱，加熱很難破壞 ③不耐冷，冷凍即可破壞 ④不耐攪拌，攪拌均勻即可破壞。

44. (3) 台灣近年來，諾羅病毒造成食品中毒的主要原因食品為 ①漢堡 ②雞蛋 ③生蠔 ④罐頭食品。

45. (4) 預防諾羅病毒食品中毒的最佳方法是 ①食物要冷藏 ②冷凍 12 小時以上 ③用 70% 的酒精消毒 ④勤洗手及不要生食。

46. (4) 食品從業人員的皮膚上如有傷口，應儘快包紮完整，以避免傷口中何種病原菌污染食品 ①腸炎弧菌 ②肉毒桿菌 ③病原性大腸桿菌 ④金黃色葡萄球菌。

47. (2) 預防食品中毒的五要原則是 ①要洗手、要充分攪拌、要生熟食分開、要澈底加熱、要注意保存溫度 ②要洗手、要新鮮、要生熟食分開、要澈底加熱、要注意保存溫度 ③要洗手、要新鮮、要戴手套、要澈底加熱、要注意保存 溫度 ④要充分攪拌、要新鮮、要生熟食分開、要澈底加熱、要注意保存溫度。

48. (4) 肉毒桿菌毒素中毒風險較高的食品為何 ①花生等低酸性罐頭 ②加亞硝酸鹽的香腸與火腿 ③真空包裝冷藏素肉、豆干等 ④自製醃肉、自製醬菜等醃漬食品。

49. (3) 避免肉毒桿菌毒素中毒，下列何者正確 ①只要無膨罐情形，即使生鏽或凹陷也可以 ②開罐後如發覺有異味時，煮過即可食用 ③自行醃漬食品食用前，應煮沸至少 10

分鐘且要充分攪拌 ④真空包裝食品，無須經過高溫高壓殺菌，銷售及保存也不用冷藏。

50.（3）黴菌毒素容易存在於 ①家禽類 ②魚貝類 ③穀類 ④內臟類。

51.（2）奶類應在 ① 10 ～ 12 ② 5 ～ 7 ③ 22 ～ 24 ④ 16 ～ 18 ℃儲存，以保持新鮮。

52.（4）食用油若長時間高溫加熱，結果 ①能殺菌、容易保存 ②增加油色之美觀 ③增長使用期限 ④會產生有害物質。

53.（2）蛋類最容易有 ①金黃色葡萄球菌 ②沙門氏桿菌 ③螺旋桿菌 ④大腸桿菌 汙染。

54.（2）選購包裝麵類製品的條件為何 ①色澤白皙 ②有完整標示 ③有使用防腐劑延長保存 ④麵條沾黏。

55.（1）選購冷凍包裝食品時應注意事項，下列何者正確 ①包裝完整 ②出廠日期 ③中心溫度達 0℃ ④出現凍燒情形。

56.（1）為防止肉毒桿菌生長產生毒素而引起食品中毒，購買真空包裝食品（例如真空包裝素肉），下列敘述何者正確 ①依標示冷藏或冷凍貯藏 ②既然是真空包裝食品無須充分加熱後就可食用 ③知名廠商無須檢視標示內容 ④只要方便取用，可隨意置放。

57.（4）選購豆腐加工產品時，下列何者為食品腐敗的現象 ①更美味 ②香氣濃郁 ③重量減輕 ④產生酸味。

58.（2）選購食材時，依據下列何者可辨別食物材料的新鮮與腐敗 ①價格高低 ②視覺嗅覺 ③外觀包裝 ④商品宣傳。

59.（3）選用發芽的馬鈴薯 ①可增加口味 ②可增加顏色 ③可能發生中毒 ④可增加 香味。

60.（2）新鮮的魚，下列何者為正常狀態 ①眼睛混濁、出血 ②魚鱗緊附於皮膚、色澤自然 ③魚腮呈灰綠色、有黏液產生 ④腹部易破裂、內臟外露。

61.（2）旗魚或鮪魚鮮度變差時，肉質易產生 ①紅變肉 ②綠變肉 ③黑變肉 ④褐變肉。

62.（3）蛋黃的圓弧度愈高者，表示該蛋愈 ①腐敗 ②陳舊 ③新鮮 ④美味。

63.（4）奶粉應購買 ①有結塊 ②有雜質 ③呈黑色 ④無不良氣味。

64.（2）漁獲後處理不當或受微生物污染之作用，容易產生組織胺，而導致組織胺中毒，下列何者敘述正確 ①組織胺易揮發且具熱穩定性 ②其中毒症狀包括有皮膚發疹、癢、水腫、噁心、腹瀉、嘔吐等 ③魚類組織胺之生成量及速率不會因魚種、部位、貯藏溫度及污染菌的不同而有所差異 ④鯖、鮪、旗、鰹等迴游性紅肉魚類比底棲性白肉魚所生成的組織胺較少且慢。

65.（1）如何選擇新鮮的雞肉 ①肉有光澤緊實毛細孔突起 ②肉質鬆軟表皮平滑 ③肉的顏色暗紅有水般的光澤 ④雞體味重肉無彈性。

66.（3）採購魩仔魚乾，下列何者最符合衛生安全 ①透明者 ②潔白者 ③淡灰白者 ④暗灰色者。

67.（4）下列何者貯存於室溫會有食品安全衛生疑慮 ①米 ②糖 ③鹽 ④鮮奶油。

68.（4）依據 GHP 之儲存管理，化學物品應在原盛裝容器內並配合下列何種方式管理 ①專人 ②專櫃 ③專冊 ④專人專櫃專冊。

69.（1）下列何者為選擇乾貨應考量的因素 ①是否乾燥完全且沒有發霉或腐爛 ②外觀完整，乾溼皆可 ③色澤自然，乾淨與否以及有無雜質皆可 ④色澤非常亮 艷。

70.（2）下列何種處理方式無法減少食品中微生物生長所導致之食品腐敗 ①冷藏貯存 ②室溫下隨意放置 ③冷凍貯存 ④妥善包裝後低溫貯存。

71.（1）熟米飯放置於室溫貯藏不當時，最容易遭受下列哪一種微生物的污染而腐敗變質 ①仙人掌桿菌 ②沙門氏桿菌 ③金黃色葡萄球菌 ④大腸桿菌。

72.（3）魚貝類在冷凍的溫度下 ①可永遠存放 ②不會變質 ③品質仍然在下降 ④新鮮度不變。

73.（3）下列何者敘述錯誤 ①雞蛋表面在烹煮前應以溫水清洗乾淨，否則易有沙門氏桿菌污染 ②在不清潔海域捕撈的牡蠣易有諾羅病毒污染 ③牛奶若是來自於罹患乳房炎的乳牛，易有仙人掌桿菌污染 ④製作提拉米蘇或慕斯類糕點時若因蛋液衛生品質不佳，易導致沙門氏桿菌污染。

74.（1）隨時要使用的肉類應保存於 ① 7 ② 0 ③ 12 ④ -18℃以下為佳。

75.（3）中長期存放的肉類應保存於 ① 4 ② 0 ③ -18 ④ 8℃以下才能保鮮。

76.（2）肉類的加工過程，為了防止肉毒桿菌滋生，都會在肉中加入 ①蘇打粉 ②硝 ③酒 ④香料。

77.（2）直接供應飲食場所火鍋類食品之湯底標示，下列何者正確 ①有無標示主要食材皆可 ②標示熬製食材中含量最多者 ③使用食材及風味調味料共同調製之火鍋湯底，不論使用比例都無需標示「○○食材及○○風味調味料」共同調製 ④應必須標示所有食材及成分。

78.（2）下列何者添加至食品中會有食品安全疑慮 ①鹽巴 ②硼砂 ③味精 ④砂糖。

79.（4）我國有關食品添加物之規定，下列何者為正確 ①使用量並無限制 ②使用範圍及使用量均無限制 ③使用範圍無限制 ④使用範圍及使用量均有限制。

80.（4）食品作業場所之人流與物流方向，何者正確 ①人流與物流方向相同 ②物流：清潔區→準清潔區→污染區 ③人流：污染區→準清潔區→清潔區 ④人流與物流方向相反。

81.（2）食物之配膳及包裝場所，何者正確 ①屬於準清潔作業區 ②室內應保持正壓 ③進入門戶必須設置空氣浴塵室 ④門戶可雙向進出。

82.（1）烹調魚類、肉類及禽肉類之中心溫度要求，下列何者正確 ①以禽肉類要求溫度最高，應達 74℃ /15 秒以上 ②豬肉＞魚肉＞雞肉＞絞牛肉 ③考慮品質問題，煎牛排至少 50℃ ④牛肉因有旋毛蟲問題，一定要加熱至 100℃。

83.（2）盤飾使用之生鮮食品之衛生，下列何者最正確 ①以非食品做為盤飾 ②未經滅菌處理，不得接觸熟食 ③使用 200ppm 以上之漂白水消毒 ④花卉不得作為盤飾。

84.（2）依據 GHP 更換油炸油之規定，何者正確 ①總極性化合物（TPC）含量 25% 以下 ②總極性化合物（TPC）含量 25% 以上 ③酸價應在 25 mg KOH/g 以下 ④酸 價應在 25 mg KOH/g 以上。

85.（1）下列何者屬低酸性食品 ①魚貝類 ②食物 pH 值 4.6 以下 ③食物 pH 值 3.0 以 下 ④食用醋。

86.（3）食物製備的衛生安全操作，何者正確 ①以鹽水洗滌海鮮類 ②切割吐司片使用蔬果用砧板 ③蔬菜殺菁後直接食用，不可使用自來水冷卻 ④烹調用油宜達發煙點後再炸。

87.（3）食物冷卻處理，何者正確 ①應在 4 小時內將食物由 60℃降至 21℃ ②熱食放 入冰箱可快速冷卻，以保持新鮮 ③盛裝容器高度不宜超過 10 公分 ④不可使用冷水或冰塊直接冷卻。

88.（3）冷卻一大鍋的蛤蠣濃湯，何者正確 ①湯鍋放在冷藏庫內 ②湯鍋放在冷凍庫內 ③湯鍋放在冰水內 ④湯鍋放在調理檯上。

89.（3）生魚片之衛生標準，何者正確 ①大腸桿菌群（Coliform）：陰性 ②「大腸桿菌（E. coli）」：1,000 MPN/g 以下 ③總生菌數：100,000CFU/g 以下 ④揮發性鹽基態氮（VBN）：15 g/100g 以上。

90.（3）食物之保溫與復熱，何者正確 ①保溫應使食物中心溫度不得低於 50℃ ②保溫時間以不超過 6 小時為宜 ③具潛在危害性食物，復熱中心溫度至少達 74 ℃ /15 秒以上 ④使用微波復熱中心溫度要求與一般傳統加熱方式一樣。

91.（4）食品溫度之量測，何者最正確 ①溫度計每兩年應至少校正一次 ②每次量測應固定同一位置 ③可以用玻璃溫度計測量冷凍食品溫度 ④微波加熱食品之量測，不應僅以表面溫度為準。

92.（2）製冰機管理，何者正確 ①生菜可放在其內之冰塊上冷藏 ②冷卻用冰塊仍須符合飲用水水質標準 ③任取一杯子取用 ④用後冰鏟或冰夾可直接放冰塊內。

93.（3）不同食材之清洗處理，何者正確 ①乾貨僅需浸泡即可 ②清潔度較低者先處理 ③清洗順序：蔬果→豬肉→雞肉 ④同一水槽同時一起清洗。

94.（4）油脂之使用，何者正確 ①回鍋油煙點較新鮮油煙點高 ②油炸用油，煙點最好低於 160 ③天然奶油較人造奶油之反式脂肪酸含量高 ④奶油油耗酸敗與微生物性腐敗無關。

95.（4）調味料之使用，何者正確 ①不屬於食品添加物，無限量標準 ②各類焦糖色素安全無虞，無限量標準 ③一般食用狀況下，使用化學醬油致癌可能性高 ④海帶與昆布的鮮味成分與味精相似。

96.（2）食品添加物之認知，何者正確 ①罐頭食品不能吃，因加了很多防腐劑 ②生鮮肉類不能添加保水劑 ③製作生鮮麵條，使用雙氧水殺菌是合法的 ④鹼粽添加硼砂是合法的。

97.（2）為避免交叉污染，廚房中最好準備四種顏色的砧板，其中白色使用於 ①肉類 ②熟食 ③蔬果類 ④魚貝類。

98.（2）乾燥金針經常過量使用下列何種漂白劑 ①螢光增白劑 ②亞硫酸氫鈉 ③次氯酸鈉 ④雙氧水。

99.（1）下列何者為豆干中合法的色素食品添加物 ①黃色五號 ②二甲基黃 ③鹽基性介黃 ④皂素。

100.（2）舒適與清淨的廚房溫溼度組合，何者正確 ① 25 ～ 30℃，70 ～ 80%RH ② 20 ～ 25℃，50 ～ 60%RH ③ 15 ～ 20℃，30 ～ 35%RH ④ 90%RH。

101.（3）下列何者為不合法之食品添加物 ①蔗糖素 ②己二烯酸 ③甲醛 ④亞硝酸鹽。

102.（1）食物保存之危險溫度帶係指 ① 7 ～ 60℃ ② 20 ～ 80℃ ③ 0 ～ 35℃ ④ 40 ～ 75℃。

103.（1）為避免食品中毒，下列那種食材加熱中心溫度要求最高 ①雞肉 ②碎牛肉 ③豬肉 ④魚肉。

104.（3）醉雞的製備流程屬於下列何種供膳型式 ①驗收→儲存→前處理→烹調→熱存→供膳 ②驗收→儲存→前處理→烹調→冷卻→復熱→供膳 ③驗收→儲存→前處理→烹調→冷卻→冷藏→供膳 ④驗收→儲存→前處理→烹調→冷卻→冷藏→復熱→供膳。

105.（1）不會助長細菌生長之食物，下列何者正確 ①罐頭食品 ②截切生菜 ③油飯 ④馬鈴薯泥。

106.（1）廚房用水應符合飲用水水質，其殘氯標準（ppm）何者正確 ① 0.2 ～ 1.0 ② 2.0 ～ 5.0 ③ 10 ～ 20 ④ 20 ～ 50。

107.（4）食物製備與供應之衛生管理原則為新鮮、清潔、加熱與冷藏及 ①菜單多樣，少量製備 ②提早製備，隨時供應 ③大量製備，一次完成 ④處理迅速，避免 疏忽。

108.（4）餐飲業在洗滌器具及容器後，除以熱水或蒸氣外還可以下列何物消毒 ①無此消毒物 ②亞硝酸鹽 ③亞硫酸鹽 ④次氯酸鈉溶液。

109.（1）下列哪一項是針對器具加熱消毒殺菌法的優點 ①無殘留化學藥劑 ②好用方便 ③具滲透性 ④設備價格低廉。

110.（3）餐具洗淨後應 ①以毛巾擦乾 ②立即放入櫃內貯存 ③先讓其烘乾，再放入櫃內貯存 ④以操作者方便的方法入櫃貯存。

111.（2）生的和熟的食物在處理上所使用的砧板應 ①共一塊即可 ②分開使用 ③依經濟情況而定 ④依工作量大小而定 以避免二次污染。

112.（1）擦拭食器、工作檯及酒瓶 ①應準備多條布巾，隨時更新保持乾淨 ②為節省時間及成本，可用相同的抹布一體擦拭 ③以舊報紙來擦拭，既環保又省錢 ④擦拭用的抹布吸水力不可過強，以免傷害酒杯。

113.（4）毛巾抹布之煮沸殺菌，係以溫度 100℃的沸水煮沸幾分鐘以上 ①一分鐘 ②三分鐘 ③四分鐘 ④五分鐘。

114.（2）杯皿的清洗程序是 ①清水沖洗→洗潔劑→消毒液→晾乾 ②洗潔劑→清水沖洗→消毒液→晾乾 ③洗潔劑→消毒液→清水沖洗→晾乾 ④消毒液→洗潔劑→清水沖洗→晾乾。

115.（2）清洗玻璃杯一般均使用何種消毒液殺菌 ①清潔藥水 ②漂白水 ③清潔劑 ④肥皂粉。

116.（3）吧檯水源要充足，並應設置足夠水槽，水槽及工作檯之材質最好為 ①木材 ②塑膠 ③不鏽鋼 ④水泥。

117.（2）三槽式餐具洗滌法，其中第二槽沖洗必須 ①滿槽的自來水 ②流動充足的自來水 ③添加消毒水之自來水 ④添加清潔劑之自來水。

118.（3）下列何者是食品洗潔劑選擇時須考慮的事項 ①經濟便宜 ②使用者口碑 ③各種洗潔劑的性質 ④廠牌名氣的大小。

119.（4）以下有關餐具消毒的敘述，何者正確 ①以 100ppm 氯液浸泡 2 分鐘 ②以漂白水浸泡 1 分鐘 ③以熱水 60℃浸泡 2 分鐘 ④以熱水 80℃浸泡 2 分鐘。

120.（1）餐具於三槽式洗滌中，洗潔劑應在 ①第一槽 ②第二槽 ③第三槽 ④不一定添加。

121.（3）洗滌食品容器及器具應使用 ①洗衣粉 ②廚房清潔劑 ③食品用洗潔劑 ④強酸、強鹼。

122.（4）食品用具之煮沸殺菌法係以 ① 90℃加熱半分鐘 ② 90℃加熱 1 分鐘 ③ 100℃ 加熱半分鐘 ④ 100℃加熱 1 分鐘。

123.（4）製冰機的使用原則，下列何者正確 ①只要是清理乾淨的食物都可以放置保鮮 ②乾淨的飲料用具都可以放進去 ③除了冰鏟外，不能存放食品及飲料 ④不得放任何器具、材料。

124.（4）清洗餐器具的先後順序，下列何者正確 A 烹調用具、B 鍋具、C 磁、不銹鋼 餐具、D 刀具、E 熟食砧板、F 生食砧板、G 抹布 ① EDCBAFG ② GFEDCBA ③ CBDFGAE ④ CBADEFG。

125.（2）將所有細菌完全殺滅使成為無菌狀態，稱之 ①消毒 ②滅菌 ③巴斯德殺菌 ④商業滅菌。

126.（4）擦拭玻璃杯皿正確的步驟為 ①杯身、杯底、杯內、杯腳 ②杯腳、杯身、杯底、杯內 ③杯底、杯身、杯內、杯腳 ④杯內、杯身、杯底、杯腳。

127.（1）擦拭玻璃杯時，需對著光源檢視，係因為 ①檢查杯子是否乾淨 ②使杯子水分快速散去 ③展示杯子的造型 ④多此一舉。

128.（2）以漂白水消毒屬於何種殺菌、消毒方法 ①物理性 ②化學性 ③生物性 ④自然性。

129.（1）以冷藏庫或冷凍庫貯存食材之敘述，下列敘述何者正確 ①應考量菜單種類和食材安全貯存審慎計算規劃 ②冷藏庫內通風孔前可堆東西，以有效利用空間 ③可運用瓦楞紙板當作冷藏庫或冷凍庫內區隔食材之隔板 ④冷藏庫或冷凍庫越大越好，可讓廚房彈性操作空間越大。

130.（2）關於食品倉儲設施及原則，下列敘述何者正確 ①冷藏庫之溫度應在 10℃以下 ②遵守先進先出之原則，並確實記錄 ③乾貨庫房應以日照直射，藉此達到乾燥通風之目的 ④應隨時注意冷凍室之溫度，充分利用所有地面空間擺置食材。

131.（2）倉儲設施及管制原則影響食材品質甚鉅，下列何者敘述正確 ①為維持濕度平衡，乾貨庫房應放置冰塊 ②為控制溫度，冷凍庫房須定期除霜 ③為防止品質劣變，剛煮滾之醬汁應立即放入冷藏庫降溫 ④為有效利用空間，冷藏庫房儘量堆滿食物。

132.（1）食材貯存設施應注意事項，下列敘述何者正確 ①為避免冷氣外流，人員進出冷凍或冷藏庫速度應迅速 ②為保持食材最新鮮狀態，近期將使用到之食材應置放於冷藏庫出風口 ③為避免腐壞，煮熟之餐點不急於供應時，應立即送進冷藏庫 ④為節省貯存空間，海鮮、肉類和蛋類可一起貯存。

133.（3）冷藏庫貯存食材之說明，下列敘述何者正確 ①煮過與未經烹調可一起存放， 節省空間 ②熱食應直接送入冷藏庫中，以免造成腐敗 ③海鮮存放時，最好與其他材料分開 ④乳製品、甜點、生肉可共同存放。

134.（4）依據「食品良好衛生規範準則」，餐具採用乾熱殺菌法做消毒，需達到多少 度以上之乾熱，加熱 30 分鐘以上 ① 80℃ ② 90℃ ③ 100℃ ④ 110℃。

135.（1）乾料庫房之最佳濕度比應為何 ① 70% ② 80% ③ 90% ④ 95%。

136.（1）食品作業場所內化學物質及用具之管理，下列何者可暫存於作業場所操作區 ①清洗碗盤之食品用洗潔劑 ②去除病媒之誘餌 ③清洗廁所之清潔劑 ④洗刷地板之消毒劑。

137.（1）使用砧板後應如何處理，再側立晾乾 ①當天用清水洗淨 ②當天用廚房紙巾擦乾淨即可 ③隔天用清水洗淨消毒 ④隔二天後再一併清洗消毒。

138.（3）餐飲器具及設施，下列敘述何者正確 ①木質砧板比塑膠材質砧板更易維持清潔 ②保溫餐檯正確熱藏溫度為攝氏 50 度 ③洗滌場所應有充足之流動自來水，水龍頭高度應高於水槽滿水位高度 ④廚房之截油設施一年清理一次即可。

139.（1）防治蒼蠅病媒傳染危害之因應措施，下列敘述何者為宜 ①將垃圾桶及廚餘密閉貯放 ②使用白色防蟲簾 ③噴灑農藥 ④使用蚊香。

140.（1）餐飲業為防治老鼠傳染危害而做的措施，下列敘述何者正確 ①使用加蓋之垃圾桶及廚餘桶 ②出入口裝設空氣簾 ③於工作場所養貓 ④於工作檯面置放捕鼠夾及誘餌。

141.（3）不鏽鋼工作檯之優點，下列敘述何者正確 ①使用年限短 ②易生鏽 ③耐腐蝕 ④不易清理。

142.（2）為避免產生死角不易清洗，廚房牆角與地板接縫處在設計時，應該採用那一種設計為佳 ①直角 ②圓弧角 ③加裝飾條 ④加裝鐵皮。

143.（4）餐廳廚房設計時，廁所的位置至少需遠離廚房多遠才可 ① 1 公尺 ② 1.5 公尺 ③ 2 公尺 ④ 3 公尺。

144.（2）餐廳作業場所面積與供膳場所面積之比例最理想的標準為 ① 1：2 ② 1：3 ③ 1：4 ④ 1：5。

145.（1）為防止污染食品，餐飲作業場所對於貓、狗等寵物 ①應予管制 ②可以攜入作業場所 ③可以幫忙看門 ④可以留在身邊。

146.（3）杜絕蟑螂孳生的方法，下列敘述何者正確 ①掉落作業場所之任何食品，待工作告一段落再統一清理 ②使用紙箱作為防滑墊 ③妥善收藏已開封的食品 ④擺放誘餌於工作檯面。

147.（1）作業場所內垃圾及廚餘桶加蓋之主要目的為何 ①避免引來病媒 ②減少清理次數 ③美觀大方 ④上面可放置東西。

148.（1）選用容器具或包裝時，衛生安全上應注意下列何項 ①材質與使用方法 ②價格高低 ③國內外品牌 ④花色樣式。

149.（1）一般手洗容器具時，下列何者適當 ①使用中性洗劑清洗 ②使用鋼刷用力刷洗 ③使用酸性洗劑清洗 ④使用鹼性洗劑清洗。

150.（3）使用食品用容器具及包裝時，下列何者正確 ①應選用回收代碼數字高的塑膠材質 ②應選用不含金屬錳之不鏽鋼 ③應瞭解材質特性及使用方式 ④應選用含螢光增白劑之紙類容器。

151.（1）使用保鮮膜時，下列何者正確 ①覆蓋食物時，避免直接接觸食物 ②微波食物時，須以保鮮膜包覆 ③應重複使用，減少資源浪費 ④蒸煮食物時，以保鮮膜包覆。

152.（3）食品業者應選用符合衛生標準之容器具及包裝，以下何者正確 ①市售保特瓶飲料空瓶可回收裝填食物後再販售 ②容器具允許偶有變色或變形 ③均須符合溶出試驗及材質試驗 ④紙類容器無須符合塑膠類規定。

153.（2）食品包裝之主要功能，下列何者正確 ①增加價格 ②避免交叉污染 ③增加重量 ④縮短貯存期限。

154.（2）選擇食材或原料供應商時應注意之事項，下列敘述何者正確 ①提供廉價食材之供應商 ②完成食品業者登錄之食材供應商 ③提供解凍再重新冷凍食材之供應商 ④提供即期或重新標示食品之供應商。

155.（3）載運食品之運輸車輛應注意之事項，下列敘述何者正確 ①運輸冷凍食品時，溫度控制在 -4℃ ②應妥善運用空間，儘量堆疊 ③運輸過程應避免劇烈之溫濕度變化 ④原材料、半成品及成品可以堆疊在一起。

156.（3）食材驗收時應注意之事項，下列敘述何者正確 ①採購及驗收應同一人辦理 ②運輸條件無須驗收 ③冷凍食品包裝上有水漬 / 冰晶時，不宜驗收 ④現場合格者驗收，無須記錄。

157.（2）食材貯存應注意之事項，下列敘述何者正確 ①應大量囤積，先進後出 ②應標記內容，以利追溯來源 ③即期品應透過冷凍延長貯存期限 ④不須定時查看溫度及濕度。

158.（3）冷凍食材之解凍方法，對於食材之衛生及品質，何者最佳 ①置於流水下解凍 ②置於室溫下解凍 ③置於冷藏庫解凍 ④置於靜水解凍。

159.（3）即食熟食食品之安全，下列敘述何者為正確 ①冷藏溫度應控制在 10℃以下 ②熱藏溫度應控制在 30℃至 50℃之間 ③食品之危險溫度帶介於 7℃至 60℃之間 ④熱食售出後 8 小時內食用都在安全範圍。

160.（4）食品添加物之使用，下列敘述何者為正確 ①只要是業務員介紹的新產品，一定要試用 ②食品添加物業者尚無需取得食品業者登錄字號 ③複方食品添加物的內容，絕對不可對外公開 ④應瞭解食品添加物的使用範圍及用量，必要時再使用。

161.（2）食品業者實施衛生管理，以下敘述何者為正確 ①必要時實施食品良好衛生規範準則 ②掌握製程重要管制點，預防、降低或去除危害 ③為了衛生稽查，才建立衛生管理文件 ④建立標準作業程序書，現場操作仍依經驗為準。

162.（3）餐飲服務人員操持餐具碗盤時，應注意事項 ①戴了手套，偶爾觸摸杯子或碗盤內部並無大礙 ②以玻璃杯直接取用食用冰塊 ③拿取刀叉餐具時，應握其把手 ④為避免湯汁濺出，遞送食物時，可稍微觸摸碗盤內部食物。

163.（4）餐飲服務人員對於掉落地上的餐具，應如何處理 ①沒有髒污就可以繼續提供使用 ②如果有髒污，使用面紙擦拭後就可繼續提供使用 ③使用桌布擦拭後繼續提供使用 ④回收洗淨晾乾後，方可提供使用。

164.（1）餐飲服務人員遞送餐點時，下列敘述何者正確 ①避免言談 ②指甲未修剪 ③ 衣著髒污 ④嬉戲笑鬧口沫橫飛。

165.（3）餐飲服務人員如有腸胃不適或腹瀉嘔吐時，應如何處理 ①工作賺錢重要，忍痛撐下去 ②外場服務人員與食品安全衛生沒有直接相關 ③主動告知管理人員進行健康管理 ④自行服藥後繼續工作。

166.（2）食品安全衛生知識與教育，下列敘述何者正確 ①廚師會做菜就好，沒必要瞭解食品安全衛生相關法規 ②外場餐飲服務人員應具備食品安全衛生知識 ③業主會經營賺錢就好，食品安全衛生法規交給秘書瞭解 ④外場餐飲服務人員不必做菜，無須接受食品安全衛生教育。

167.（2）餐飲服務人員進行換盤服務時，應如何處理 ①邊收菜渣，邊換碗盤 ②先收完菜渣，再更換碗盤 ③請顧客將菜渣倒在一起，再一起換盤 ④邊送餐點，邊換碗盤。

168.（3）餐飲服務人員應養成之良好習慣，下列敘述何者正確 ①遞送餐點時，同時口沫橫飛地介紹餐點 ②指甲彩繪增加吸引力 ③有身體不適時，主動告知主管 ④同時遞送餐點及接觸紙鈔等金錢。

169.（4）微生物容易生長的條件為下列哪一種環境？ ①高酸度 ②乾燥 ③高溫 ④高水分。

170.（4）鹽漬的水產品或肉類，使用後若有剩餘，下列何種作法最不適當 ①可不必冷藏 ②放在陰涼通風處 ③放置冰箱冷藏 ④放在陽光充足的通風處。

171.（1）下列何者敘述正確 ①冷藏的未包裝食品和配料在貯存過程中必須覆蓋，防止污染 ②生鮮食品（例如：生雞肉和肉類）在冷藏櫃內得放置於即食食品的上方 ③冷藏的生鮮配料不須與即食食品和即食配料分開存放 ④有髒污或裂痕蛋類經過清洗也可使用於製作蛋黃醬。

172.（4）下列何者是處理蛋品的錯誤方式 ①選購蛋品應留意蛋殼表面是否有裂縫及泥沙或雞屎殘留 ②未及時烹調的蛋，鈍端朝上存放於冰箱中 ③烹煮前以溫水沖洗蛋品表面，避免蛋殼表面上病原菌污染內部 ④水煮蛋若沒吃完，可先剝殼長時間置於冰箱保存。

工作項目 02：食品安全衛生相關法規

1. （3）食品從業人員的健康檢查應多久辦理一次 ①每三個月 ②每半年 ③每一年 ④想到再檢查即可。
2. （1）下列何種肝炎，感染或罹患期間不得從事食品及餐飲相關工作 ①A 型 ②B 型 ③C 型 ④D 型。
3. （1）目前法規規範需聘用全職「技術證照人員」的食品相關業別為 ①餐飲業及烘焙業 ②販賣業 ③乳品加工業 ④食品添加物業。
4. （3）中央廚房式之餐飲業依法規需聘用技術證照人員的比例為 ① 85% ② 75% ③ 70% ④ 60%。
5. （2）供應學校餐飲之餐飲業依法規需聘用技術證照人員的比例為 ① 85% ② 75% ③ 70% ④ 60%。
6. （1）觀光旅館之餐飲業依法規需聘用技術證照人員的比例為 ① 85% ② 75% ③ 70% ④ 60%。
7. （2）持有烹調相關技術證照者，從業期間每年至少需接受幾小時的衛生講習 ① 4 小時 ② 8 小時 ③ 12 小時 ④ 24 小時。
8. （4）廚師證書有效期間為幾年 ① 1 年 ② 2 年 ③ 3 年 ④ 4 年。
9. （2）選購包裝食品時要注意，依食品安全衛生管理法規定，食品及食品原料之容器或外包裝應標示 ①製造日期 ②有效日期 ③賞味期限 ④保存期限。
10. （2）食品著色、調味、防腐、漂白、乳化、增加香味、安定品質、促進發酵、增加稠度、強化營養、防止氧化或其他必要目的，而加入、接觸於食品之單方或複方物質稱為 ①食品材料 ②食品添加物 ③營養物質 ④食品保健成分。
11. （2）根據「餐具清洗良好作業指引」，下列何者是正確的清洗作業設施 ①洗滌槽：具有 100℃以上含洗潔劑之熱水 ②沖洗槽：具有充足流動之水，且能將洗潔劑沖洗乾淨 ③有效殺菌槽：水溫應在 100℃以上 ④洗滌槽：人工洗滌應浸 20 分鐘以上。
12. （4）根據「餐具清洗良好作業指引」，有效殺菌槽的水溫應高於 ① 50℃ ② 60℃ ③ 70℃ ④ 80℃ 以上。
13. （2）依據「食品良好衛生規範準則」，為有效殺菌，依規定以氯液殺菌法處理餐具，氯液總有效氯最適量為 ① 50ppm ② 200ppm ③ 500ppm ④ 1000ppm。
14. （4）依據「食品良好衛生規範準則」，食品熱藏溫度為何 ①攝氏 45 度以上 ②攝氏 50 度以上 ③攝氏 55 度以上 ④攝氏 60 度以上。
15. （4）依據「食品良好衛生規範準則」，食品業者工作檯面或調理檯面之照明規範， 應達下列哪一個條件 ① 120 米燭光以上 ② 140 米燭光以上 ③ 180 米燭光以上 ④ 200 米燭光以上。
16. （3）依據「食品良好衛生規範準則」，食品業者之蓄水池（塔、槽）之清理頻率為何 ①三年至少清理一次 ②二年至少清理一次 ③一年至少清理一次 ④一月至少清理一次。

17.（3）下列何者是「食品良好衛生規範準則」中，餐具或食物容器是否乾淨的檢查項目 ①殘留澱粉、殘留脂肪、殘留洗潔劑、殘留過氧化氫 ②殘留澱粉、殘留蛋白質、殘留洗潔劑、殘留過氧化氫 ③殘留澱粉、殘留脂肪、殘留蛋白質、殘留洗潔劑 ④殘留澱粉、殘留脂肪、殘留蛋白質、殘留過氧化氫。

18.（3）與食品直接接觸及清洗食品設備與用具之用水及冰塊，應符合「飲用水水質標準」規定，飲用水的氫離子濃度指數（pH 值）限值範圍為 ① 4.6 ～ 6.5 ② 4.6 ～ 7.5 ③ 6.0 ～ 8.5 ④ 6.0 ～ 9.5。

19.（2）供水設施應符合之規定，下列敘述何者正確 ①製作直接食用冰塊之製冰機水源過濾時，濾膜孔徑越大越好 ②使用地下水源者，其水源與化糞池、廢棄物堆積場所等污染源，應至少保持十五公尺之距離 ③飲用水與非飲用水之管路系統應完全分離，出水口毋須明顯區分 ④蓄水池（塔、槽）應保持清潔，設置地點應距污穢場所、化糞池等污染源二公尺以上。

20.（2）依據「食品良好衛生規範準則」，為維護手部清潔，洗手設施除應備有流動自來水及清潔劑外，應設置下列何種設施 ①吹風機 ②乾手器或擦手紙巾 ③刮鬍機 ④牙線等設施。

21.（2）依照「食品良好衛生規範準則」，下列何者應設專用貯存設施 ①價值不斐之食材 ②過期回收產品 ③廢棄食品容器具 ④食品用洗潔劑。

22.（2）依照「食品良好衛生規範準則」，當油炸油品質有下列哪些情形者，應予以更新 ①出現泡沫時 ②總極性化合物超過 25% ③油炸超過 1 小時 ④油炸豬肉後。

23.（1）下列何者為「食品良好衛生規範準則」中，有關場區及環境應符合之規定 ①冷藏食品之品溫應保持在攝氏 7 度以下，凍結點以上 ②蓄水池（塔、槽）應保持清潔，每兩年至少清理一次並作成紀錄 ③冷凍食品之品溫應保持在 攝氏 -10 度以下 ④蓄水池設置地點應離汙穢場所或化糞池等污染源 2 公尺以上。

24.（2）「食品良好衛生規範準則」中有關病媒防治所使用之環境用藥應符合之規定，下列敘述何者正確 ①符合食品安全衛生管理法之規定 ②明確標示為環境用藥並由專人管理及記錄 ③可置於碗盤區固定位置方便取用 ④應標明其購買日期及價格。

25.（2）「食品良好衛生規範準則」中有關廢棄物處理應符合之規定，下列敘述何者正確 ①食品作業場所內及其四周可任意堆置廢棄物 ②反覆使用盛裝廢棄物之容器，於丟棄廢棄物後，應立即清洗 ③過期回收產品，可暫時置於其他成品放置區 ④廢棄物之置放場所偶有異味或有害氣體溢出無妨。

26.（2）「食品良好衛生規範準則」中有關倉儲管制應符合之規定，下列敘述何者正確 ①應遵循先進先出原則，並貼牆整齊放置 ②倉庫內物品不可直接置於地上，以供搬運 ③應善用倉庫內空間，貯存原材料、半成品或成品 ④倉儲過程中，應緊閉不透風以防止病媒飛入。

27.（1）「食品良好衛生規範準則」中有關餐飲業之作業場所與設施之衛生管理，下列敘述何者正確 ①應具有洗滌、沖洗及有效殺菌功能之餐具洗滌殺菌設施 ②生冷食品可於熟食作業區調理、加工及操作 ③為保持新鮮，生鮮水產品養殖處所應直接置於生冷食品作業區內 ④提供之餐具接觸面應保持平滑、無凹陷或裂縫，不應有脂肪、澱粉、膽固醇及過氧化氫之殘留。

28.（3）廢棄物應依下列何者法規規定清除及處理 ①環境保護法 ②食品安全衛生管理法 ③廢棄物清理法 ④食品良好衛生規範準則。

29.（3）廢食用油處理，下列敘述何者正確 ①一般家庭及小吃店之廢食用油屬環境保護署公告之事業廢棄物 ②依環境保護法規定處理 ③非餐館業之廢食用油，可交付清潔隊或合格之清除機構處理 ④環境保護署將廢食用油列為應回收廢棄物。

30.（4）包裝食品應標示之事項，以下何者正確 ①製造日期 ②食品添加物之功能性名稱 ③含非基因改造食品原料 ④國內通過農產品生產驗證者，標示可追溯之來源。

31.（1）餐飲業者提供以牛肉為食材之餐點時，依規定應標示下列何種項目 ①牛肉產地 ②烹調方法 ③廚師姓名 ④牛肉部位。

32.（2）食品業者販售重組魚肉、牛肉或豬肉食品時，依規定應加註哪項醒語 ①烹調方法 ②僅供熟食 ③可供生食 ④製作流程。

33.（2）市售包裝食品如含有下列哪種內容物時，應標示避免消費者食用後產生過敏症狀 ①鳳梨 ②芒果 ③芭樂 ④草莓。

34.（1）為避免食品中毒，真空包裝即食食品應標示哪項資訊 ①須冷藏或須冷凍 ②水分含量 ③反式脂肪酸含量 ④基因改造成分。

35.（3）餐廳提供火鍋類產品時，依規定應於供應場所提供哪項資訊 ①外帶收費標準 ②火鍋達人姓名 ③湯底製作方式 ④供應時間限制。

36.（1）基因改造食品之標示，下列敘述何者為正確 ①調味料用油品，如麻油、胡麻油等，無須標示 ②產品中添加少於 2% 的基因改造黃豆，無需標示 ③我國基因改造食品原料之非故意攙雜率是 2% ④食品添加物含基因改造原料時， 無須標示。

37.（4）購買包裝食品時，應注意過敏原標示，請問下列何者屬之？ ①殺菌劑過氧化氫 ②防腐劑己二烯酸 ③食用色素 ④蝦、蟹、芒果、花生、牛奶、蛋及其製品。

38.（3）下列產品何者無須標示過敏原資訊？ ①花生糖 ②起司 ③蘋果汁 ④優格。

39.（3）工業上使用的化學物質可添加於食品嗎？ ①只要屬於衛生福利部公告準用的食品添加物品目，則可依規定添加於食品中 ②視其安全性認定是否可添加於食品中 ③不得作食品添加物用 ④可任意添加於食品中。

40.（4）餐飲業者如因衛生不良，違反食品良好衛生規範準則，經命其限期改正，屆期不改正，依違反食安法可處多少罰鍰？ ①6 ～ 100 萬 ②6 ～ 1,500 萬 ③6 ～ 5,0 00 萬 ④6 萬～ 2 億元。

90010 食品安全衛生及營養相關職類共同科目 不分級

工作項目 03：營養及健康飲食

1. （1）下列全穀雜糧類，何者熱量最高？ ①五穀米飯 1 碗（約 160 公克） ②玉米 1 根（可食部分約 130 公克） ③粥 1 碗（約 250 公克） ④中型芋頭 1/2 個（約 140 公克）。
2. （4）下列何者屬於「豆、魚、蛋、肉」類？ ①四季豆 ②蛋黃醬 ③腰果 ④牡蠣。
3. （2）下列健康飲食的觀念，何者正確？ ①不吃早餐可以減少熱量攝取，是減肥成功的好方法 ②全穀可提供豐富的維生素、礦物質及膳食纖維等，每日三餐應以其為主食 ③牛奶營養豐富，鈣質含量尤其高，應鼓勵孩童將牛奶當水喝，對成長有利 ④對於愛吃水果的女性，若當日水果吃得較多，則應將蔬菜減量，對健康就不影響。
4. （1）研究顯示，與罹患癌症最相關的飲食因子為 ①每日蔬、果攝取份量不足 ②每日「豆、魚、蛋、肉」類攝取份量不足 ③常常不吃早餐，卻有吃宵夜的習慣 ④反式脂肪酸攝食量超過建議量。
5. （3）下列何者是「鐵質」最豐富的來源？ ①雞蛋 1 個 ②紅莧菜半碗（約 3 兩） ③牛肉 1 兩 ④葡萄 8 粒。
6. （3）每天熱量攝取高於身體需求量的 300 大卡，約多少天後即可增加 1 公斤？ ① 15 天 ② 20 天 ③ 25 天 ④ 35 天。
7. （4）下列飲食行為，何者是對多數人健康最大的威脅？ ①每天吃 1 個雞蛋（荷包蛋、滷蛋等） ②每天吃 1 次海鮮（蝦仁、花枝等） ③每天喝 1 杯拿鐵（咖啡加鮮奶） ④每天吃 1 個葡式蛋塔。
8. （4）世界衛生組織（WHO）建議每人每天反式脂肪酸不可超過攝取熱量的 1%。 請問，以一位男性每天 2,000 大卡來看，其反式脂肪酸的上限為 ① 5.2 公克 ② 3.6 公克 ③ 2.8 公克 ④ 2.2 公克。
9. （3）下列針對「高果糖玉米糖漿」與「蔗糖」的敘述，何者正確？ ①高果糖玉米糖漿甜度高、用量可以減少，對控制體重有利 ②蔗糖加熱後容易失去甜味 ③高果糖玉米糖漿容易讓人上癮、過度食用 ④過去研究顯示：二者對血糖升高、癌症誘發等的影響是一樣的。
10. （3）老年人若蛋白質攝取不足，容易形成「肌少症」。下列食物何者蛋白質含量最高？ ①養樂多 1 瓶 ②肉鬆 1 湯匙 ③雞蛋 1 個 ④冰淇淋 1 球。
11. （3）100 克的食品，下列何者所含膳食纖維最高？ ①番薯 ②冬粉 ③綠豆 ④麵線。
12. （1）100 克的食物，下列何者所含脂肪量最低？ ①蝦仁 ②雞腿肉 ③豬腱 ④牛腩。
13. （3）健康飲食建議至少應有多少量的全穀雜糧類，要來自全穀類？ ① 1/5 ② 1/4 ③ 1/3 ④ 1/2。
14. （3）每日飲食指南建議每天 1.5-2 杯奶，一杯的份量是指？ ① 100cc ② 150cc ③ 240cc ④ 300cc。
15. （2）每日飲食指南建議每天 3-5 份蔬菜，一份是指多少量？ ①未煮的蔬菜 50 公克 ②未煮的蔬菜 100 公克 ③未煮的蔬菜 150 公克 ④未煮的蔬菜 200 公克。

16.（3）健康飲食建議的鹽量，每日不超過幾公克？ ① 15 公克 ② 10 公克 ③ 6 公克 ④ 2 公克。

17.（1）下列營養素，何者是人類最經濟的能量來源？ ①醣類 ②脂肪 ③蛋白質 ④維生素。

18.（4）健康體重是指身體質量指數在下列哪個範圍？ ① 21.5-26.9 ② 20.5-25.9 ③ 19.5-24.9 ④ 18.5-23.9。

19.（2）飲食指南中六大類食物的敘述何者正確 ①玉米、栗子、荸薺屬蔬菜類 ②糙米、南瓜、山藥屬全穀雜糧類 ③紅豆、綠豆、花豆屬豆魚蛋肉類 ④瓜子、杏仁果、腰果屬全穀雜糧類。

20.（2）關於衛生福利部公告之素食飲食指標，下列建議何者正確 ①多攝食瓜類食物，以獲取足夠的維生素 B12 ②多攝食富含維生素 C 的蔬果，以改善鐵質吸收率 ③每天蔬菜應包含至少一份深色蔬菜、一份淺色蔬菜 ④全穀只須占全穀雜糧類的 1/4。

21.（3）關於衛生福利部公告之國民飲食指標，下列建議何者正確 ①每日鈉的建議攝取量上限為 6 克 ②多葷少素 ③多粗食少精製 ④三餐應以國產白米為主食。

22.（2）飽和脂肪的敘述，何者正確 ①動物性肉類中以紅肉（例如牛肉、羊肉、豬肉）的飽和脂肪含量較低 ②攝取過多飽和脂肪易增加血栓、中風、心臟病等心血管疾病的風險 ③世界衛生組織建議應以飽和脂肪取代不飽和脂肪 ④於常溫下固態性油脂（例如豬油）其飽和脂肪含量較液態性油脂（例如大豆油及橄欖油）低。

23.（2）反式脂肪的敘述，何者正確 ①反式脂肪的來源是植物油，所以可以放心使用 ②反式脂肪會增加罹患心血管疾病的風險 ③反式脂肪常見於生鮮蔬果中 ④即使是天然的反式脂肪依然對健康有危害。

24.（4）下列那一組午餐組合可提供較高的鈣質？ ①白飯（200 g）＋荷包蛋（50 g） ＋芥藍菜（100 g）＋豆漿（240 mL） ②糙米飯（200 g）＋五香豆干（80 g）＋高麗菜（100 g）＋豆漿（240 mL） ③白飯（200 g）＋荷包蛋（50 g） ＋高麗菜（100 g）＋鮮奶（240 mL） ④糙米飯（200 g）＋五香豆干（80 g）＋芥藍菜（100 g）＋鮮奶（240 mL）。

25.（1）下列何者組合較符合地中海飲食之原則 ①雜糧麵包佐橄欖油＋烤鯖魚＋腰果拌地瓜葉 ②地瓜稀飯＋瓜仔肉＋涼拌小黃瓜 ③蕎麥麵＋炸蝦＋溫泉蛋 ④玉米濃湯＋菲力牛排＋提拉米蘇。

26.（3）下列何者符合高纖的原則 ①以水果取代蔬菜 ②以果汁取代水果 ③以糙米取代白米 ④以紅肉取代白肉。

27.（2）請問飲食中如果缺乏「碘」這個營養素，對身體造成最直接的危害為何？ ①孕婦低血壓 ②嬰兒低智商 ③老人低血糖 ④女性貧血。

28.（3）銀髮族飲食需求及製備建議，下列何者正確 ①應盡量減少豆魚蛋肉類的食用，避免增加高血壓及高血脂的風險 ②應盡量減少使用蔥、薑、蒜、九層塔等，以免刺激腸胃道 ③多吃富含膳食纖維的食物，例如：全穀類食物、蔬菜、水果，可使排便更順暢 ④保健食品及營養補充品的食用是必須的，可參考廣告資訊選購。

29.（2）以下敘述，何者為健康烹調？ ①含「不飽和脂肪酸」高的油脂有益健康，油炸食物最適合 ②夏季涼拌菜色，可以選用麻油、特級冷壓橄欖油、苦茶油、芥花油等，美味又健康 ③裹於食物外層之麵糊層越厚越好 ④可多使用調味料及奶油製品以增加食物風味。

30.（1）「國民飲食指標」強調多選用「當季在地好食材」，主要是因為 ①當季盛產食材價錢便宜且營養價值高 ②食材新鮮且衛生安全，不需額外檢驗 ③使用在地食材，增加碳足跡 ④進口食材農藥使用把關不易且法規標準低於我國。

31.（2）下列何者是蔬菜的健康烹煮原則？ ①「水煮」青菜較「蒸」的方式容易保存蔬菜中的維生素 ②可以使用少量的健康油炒蔬菜，以幫助保留維生素 ③添加「小蘇打」可以保持蔬菜的青綠色，且減少維生素流失 ④分批小量烹煮蔬菜，無法減少破壞維生素 C。

32.（1）「素食」烹調要能夠提供足夠的蛋白質，下列何者是重要原則？ ①豆類可以和穀類互相搭配（如黃豆糙米飯），使增加蛋白質攝取量，又可達到互補的作用 ②豆干、豆腐及腐皮等豆類食品雖然是素食者重要蛋白質來源，但因其仍屬初級加工食品，素食不宜常常使用 ③種子、堅果類食材，雖然蛋白質含量不低，但因其熱量也高，故不建議應用於素食 ④素食成形的加工素材種類多樣化，作為「主菜」的設計最為方便且受歡迎，可以多多利用。

33.（3）下列方法何者不宜作為「減鹽」或「減糖」的烹調方法？ ①多利用醋、檸檬、蘋果、鳳梨增加菜餚的風（酸）味 ②於甜點中利用新鮮水果或果乾取代精緻糖 ③應用市售高湯罐頭（塊）增加菜餚口感 ④使用香菜、草菇等來增加菜餚的美味。

34.（2）下列有關育齡女性營養之敘述何者正確？ ①避免選用加碘鹽以及避免攝取含碘食物，如海帶、紫菜 ②食用富含葉酸的食物，如深綠色蔬菜 ③避免日曬，多攝取富含維生素D的食物，如魚類、雞蛋等 ④為了促進鐵質的吸收率，用餐時應搭配喝茶。

35.（2）下列有關更年期婦女營養之敘述何者正確？ ①飲水量過少可能增加尿道感染的風險，建議每日至少補充 15 杯（每杯 240 毫升）以上的水分 ②每天日曬20 分鐘有助於預防骨質疏鬆 ③多吃紅肉少吃蔬果，可以補充鐵質又能預防心血管疾病的發生 ④應避免攝取含有天然雌激素之食物，如黃豆類及其製 品等。

36.（4）下列何種肉類烹調法，不宜吃太多？ ①燉煮肉類 ②蒸烤肉類 ③汆燙肉類 ④碳烤肉類。

37.（1）下列何者是攝取足夠且適量的「碘」最安全之方式 ①使用加「碘」鹽取代一般鹽烹調 ②每日攝取高含「碘」食物，如海帶 ③食用高單位碘補充劑 ④多攝取海鮮。

38.（1）下列敘述的烹調方式，哪個是符合減鹽的原則 ①使用酒、糯米醋、蒜、薑、胡椒、八角及花椒等佐料，增添料理風味 ②使用醬油、味精、番茄醬、魚露、紅糟等醬料取代鹽的使用 ③多飲用白開水降低鹹度 ④採用醃、燻、醬、滷等方式，添增食物的香味。

39.（1）豆魚蛋肉類食物經常含有隱藏的脂肪，下列何者脂肪含量較低 ①不含皮的肉類，例如雞胸肉 ②看得到白色脂肪的肉類，例如五花肉 ③加工絞肉製品，例如火鍋餃類 ④食用油處理過的加工品，例如肉鬆。

40.（2）請問何種烹調方式最能有效減少碘的流失 ①爆香時加入適量的加碘鹽 ②炒菜起鍋前加入適量的加碘鹽 ③開始燉煮時加入適量的加碘鹽 ④食材和適量的加碘鹽同時放入鍋中熬湯。

41.（1）下列何者方式為用油較少之烹調方式 ①涮：肉類食物切成薄片，吃時放入滾湯裡燙熟 ②爆：強火將油燒熱，食材迅速拌炒即起鍋 ③三杯：薑、蔥、紅辣椒炒香後放入主菜，加麻油、香油、醬油各一杯，燜煮至湯汁收乾，再加入九層塔拌勻 ④燒：菜餚經過炒煎，加入少許水或高湯及調味料，微火燜燒，使食物熟透、汁液濃縮。

42. (3) 下列有關國小兒童餐製作之敘述，何者符合健康烹調原則？①建議多以油炸類的餐點為主，如薯條、炸雞 ②應避免供應水果、飲料等甜食 ③可運用天然起司入菜或以鮮奶作為餐間點心 ④學童挑食恐使營養攝取不足，應多使用奶油及調味料來增加菜餚的風味。

43. (4) 下列有關食品營養標示之敘述，何者正確？ ①包裝食品上營養標示所列的一份熱量含量，通常就是整包吃完後所獲得的熱量 ②當反式脂肪酸標示為「0」時，即代表此份食品完全不含反式脂肪酸，即使是心臟血管疾病的病人也可放心食用 ③包裝食品每份熱量 220 大卡，蛋白質 4.8 公克，此份產品可以視為高蛋白質來源的食品 ④包裝飲料每 100 毫升為 33 大卡，1 罐飲料內容物為 400 毫升，張同學今天共喝了 4 罐，他單從此包裝飲料就攝取了 528 大卡。

44. (4) 某包裝食品的營養標示：每份熱量 220 大卡，總脂肪 11.5 公克，飽和脂肪 5.0 公克，反式脂肪 0 公克，下列敘述何者正確？ ①脂肪熱量佔比＜ 40%，與 一般飲食建議相當 ②完全不含反式脂肪，健康無慮 ③飽和脂肪為熱量的 20 %，屬安全範圍 ④此包裝內共有 6 份，若全吃完，總攝取熱量可達 1320 大卡。

45. (1) 某稀釋乳酸飲料，每 100 毫升的營養成分為：熱量 28 大卡，蛋白質 0.2 公克，脂肪 0 公克，碳水化合物 6.9 公克，內容量 330 毫升，而其內容物為：水、砂糖、稀釋發酵乳、脫脂奶粉、檸檬酸、香料、大豆多醣體、檸檬酸鈉、蔗糖素及醋磺類酯鉀。下列敘述何者正確？ ①此飲料主要提供的營養成分是「糖」 ②整罐飲料蛋白質可以提供相當於 1/3 杯牛奶的量（1 杯為 240 毫升） ③蔗糖素可以抑制血糖的升高 ④此飲料富含維生素 C。

46. (2) 食品原料的成分展開，可以讓消費者對所吃的食品更加瞭解，下列敘述，何者正確？①三合一咖啡包中所使用的「奶精」，是牛奶中的一種成分 ②若依標示，奶精主要成分為氫化植物油及玉米糖漿，營養價值低 ③有心臟病史者，每天 1 杯三合一咖啡，可以促進血液循環並提神，對健康及生活品質有利 ④若原料成分中有部分氫化油脂，但反式脂肪含量卻為 0，代表不是所有的部分氫化油脂都含有反式脂肪酸。

47. (3) 104年7月起我國包裝食品除熱量外，強制要求標示之營養素為 ①蛋白質、脂肪、碳水化合物、鈉、飽和脂肪、反式脂肪及纖維 ②蛋白質、脂肪、碳水化合物、鈉、飽和脂肪、反式脂肪及鈣質 ③蛋白質、脂肪、碳水化合物、鈉、飽和脂肪、反式脂肪及糖 ④蛋白質、脂肪、碳水化合物、鈉、飽和脂肪、反式脂肪。

48. (2) 下列何者不是衛福部規定的營養標示所必須標示的營養素？ ①蛋白質 ②膽固醇 ③飽和脂肪 ④鈉。

49. (1) 食品每 100 公克固體或每 100 毫升液體，當所含營養素量不超過 0.5 公克時， 可以用「0」做為標示，為下列何種營養素？ ①蛋白質 ②鈉 ③飽和脂肪 ④反式脂肪。

50. (3) 包裝食品營養標示中的「糖」是指食品中 ①單糖 ②蔗糖 ③單糖加雙糖 ④單糖加蔗糖之總和。

51. (2) 下列何者是現行包裝食品營養標示規定必須標示的營養素 ①鉀 ②鈉 ③鐵 ④鈣。

52. (1) 一般民眾及業者於烹調時應選用加碘鹽取代一般鹽，請問可以透過標示中含有哪項成分，來辨別食鹽是否有加碘 ①碘化鉀 ②碘酒 ③優碘 ④碘 131。

53.（1）食品每 100 公克之固體（半固體）或每 100 毫升之液體所含反式脂肪量不超過 多少得以零標示 ① 0.3 公克 ② 0.5 公克 ③ 1 公克 ④ 3 公克。

54.（4）依照衛生福利部公告之「包裝食品營養宣稱應遵行事項」，攝取過量將對國民健康有不利之影響的營養素列屬「需適量攝取」之營養素含量宣稱項目，不包括以下營養素 ①飽和脂肪 ②鈉 ③糖 ④膳食纖維。

55.（1）關於 102 年修訂公告的「全穀產品宣稱及標示原則」，「全穀產品」所含全穀成分應占配方總重量多少以上 ① 51% ② 100% ③ 33% ④ 67%。

56.（2）植物中含蛋白質最豐富的是 ①穀類 ②豆類 ③蔬菜類 ④薯類。

57.（2）豆腐凝固是利用大豆中的 ①脂肪 ②蛋白質 ③醣類 ④維生素。

58.（1）市售客製化手搖清涼飲料，常使用的甜味來源為？ ①高果糖玉米糖漿 ②葡萄糖 ③蔗糖 ④麥芽糖。

59.（1）以營養學的觀點，下列那一種食物的蛋白質含量最高且品質最好 ①黃豆 ②綠豆 ③紅豆 ④黃帝豆。

60.（2）糙米，除可提供醣類、蛋白質外，尚可提供 ①維生素 A ②維生素 B 群 ③維生素 C ④維生素 D。

61.（2）下列油脂何者含飽和脂肪酸最高 ①沙拉油 ②奶油 ③花生油 ④麻油。

62.（4）下列何種油脂之膽固醇含量最高 ①黃豆油 ②花生油 ③棕櫚油 ④豬油。

63.（4）下列何種麵粉含有纖維素最高？ ①粉心粉 ②高筋粉 ③低筋粉 ④全麥麵粉。

64.（2）下列哪一種維生素可稱之為陽光維生素，除了可以維持骨質密度外，尚可預防許多其他疾病 ①維生素 A ②維生素 D ③維生素 E ④維生素 K。

65.（2）下列何者不屬於人工甘味料（代糖）？ ①糖精 ②楓糖 ③阿斯巴甜 ④醋磺內酯鉀（ACE-K）。

66.（4）新鮮的水果比罐頭水果富含 ①醣類 ②蛋白質 ③油脂 ④維生素。

67.（3）最容易受熱而被破壞的營養素是 ①澱粉 ②蛋白質 ③維生素 ④礦物質。

68.（2）下列蔬菜同樣重量時，何者鈣質含量最多 ①胡蘿蔔 ②莧菜 ③高麗菜 ④菠菜。

69.（1）素食者可藉由菇類食物補充 ①菸鹼酸 ②脂肪 ③水分 ④碳水化合物。

附錄

技術士技能檢定中式米食加工丙級術科測試參考配方表

產品名稱		產品名稱		產品名稱	
白米飯		油飯		筒仔米糕	
原料名稱	百分比	原料名稱	百分比	原料名稱	百分比
白米	100	長糯米	100	圓糯米	100
水	100	乾香菇	2	乾香菇	5
		蝦米	2	紅蔥頭	7
合計	**200**	紅蔥頭	6	蝦米	2
		豬肉絲	10	絞碎豬肉	40
		豬油	10	沙拉油	12
		醬油	6	醬油	6
		鹽	2	鹽	1.5
		砂糖	2	味精	0.5
		胡椒粉	0.5	胡椒粉	0.3
		水	30	水	25
		合計	**170.5**	**合計**	**199.3**

◆**備註**：本表由應檢人試前填寫，可攜入考場參考，只准填原料名稱及配方百分比，如夾帶其他資料以作弊論。（不夠填寫，自行影印或至本中心網站首頁－便民服務－表單下載－ 09500 中式米食加工配方表區下載使用，可用電腦打字，但不得使用其他格式之配方表）

技術士技能檢定中式米食加工丙級術科測試參考配方表

產品名稱	
肉粽	
原料名稱	百分比
長糯米	100
紅蔥頭	4
沙拉油	8
醬油	5
鹽	1
胡椒粉	0.1
味精	0.5
水	6
合計	**124.6**
餡料 / 粒	
滷豬肉塊	1 塊 /25 克
鹹蛋黃	半顆 / 粒
滷香菇	半朵 / 粒
包粽材料	
粽葉	2 葉 / 粒
綿繩	1 束

產品名稱	
八寶粥	
原料名稱	百分比
圓糯米	100
紅豆	20
綠豆	20
薏仁	20
紅棗	10
桂圓肉	20
麥片	30
花生仁（熟）	20
砂糖	110
水	3200
合計	**3550**

產品名稱	
廣東粥	
原料名稱	百分比
蓬萊米	100
腐竹	15
蔥	5
嫩薑	15
味精	2
鹽	4
水	1800
合計	**1941**
配料 / 份	
瘦肉	20 克 / 份
皮蛋	半個 / 份

◆**備註：**本表由應檢人試前填寫，可攜入考場參考，只准填原料名稱及配方百分比，如夾帶其他資料以作弊論。（不夠填寫，自行影印或至本中心網站首頁－便民服務－表單下載－ 09500 中式米食加工配方表區下載使用，可用電腦打字，但不得使用其他格式之配方表）

技術士技能檢定中式米食加工丙級術科測試參考配方表

產品名稱		產品名稱		產品名稱	
海鮮粥		發粿		碗粿	
原料名稱	百分比	原料名稱	百分比	原料名稱	百分比
白米飯	100	在來米粉	100	在來米粉	100
薑絲	5	低筋麵粉	40	馬鈴薯澱粉	10
蔥	2	泡打粉	6	水	400
蝦仁	12	砂糖	60	乾香菇	5
蟹腳肉	12	水	120	蝦米	3
鹽	3	合計	326	紅蔥頭	5
味精	0.5			碎蘿蔔乾	10
米酒	5			沙拉油	10
水	450			絞碎豬肉	30
合計	589.5			鹽	3
				味精	2
				醬油	4
				胡椒粉	0.5
				合計	582.5

◆**備註**：本表由應檢人試前填寫，可攜入考場參考，只准填原料名稱及配方百分比，如夾帶其他資料以作弊論。（不夠填寫，自行影印或至本中心網站首頁－便民服務－表單下載－ 09500 中式米食加工配方表區下載使用，可用電腦打字，但不得使用其他格式之配方表）

技術士技能檢定中式米食加工丙級術科測試參考配方表

產品名稱		產品名稱		產品名稱	
蘿蔔糕		芋頭糕		芋粿巧	
原料名稱	百分比	原料名稱	百分比	原料名稱	百分比
在來米粉	100	在來米粉	100	圓糯米粉	80
水 -A	280	水 -A	280	在來米粉	20
乾香菇	4	蝦米	10	水	75
蝦米	4	芋頭	80	蝦米	4
白蘿蔔	100	砂糖	2	紅蔥頭	4
砂糖	2	鹽	3	芋頭	50
鹽	3	胡椒粉	0.5	沙拉油	9
胡椒粉	0.5	香油	6	鹽	1
香油	5	水 -B	21	味精	0.5
水 -B	20			胡椒粉	0.5
				五香粉	0.5
				香油	1
合計	**518.5**	**合計**	**502.5**	**合計**	**245.5**

◆**備註：**本表由應檢人試前填寫，可攜入考場參考，只准填原料名稱及配方百分比，如夾帶其他資料以作弊論。（不夠填寫，自行影印或至本中心網站首頁－便民服務－表單下載－ 09500 中式米食加工配方表區下載使用，可用電腦打字，但不得使用其他格式之配方表）

技術士技能檢定中式米食加工丙級術科測試參考配方表

產品名稱		產品名稱		產品名稱	
湯圓		米麻糬		甜年糕	
原料名稱	百分比	原料名稱	百分比	原料名稱	百分比
圓糯米粉 溫熱水 沙拉油	100 80 5	圓糯米粉 麥芽糖 砂糖 沙拉油 水	100 5 6 6 70	圓糯米粉 二砂糖 沙拉油 水	100 80 8 80
合計	185			合計	268
餡料		合計	187		
含油烏豆沙	100	餡料			
		含油烏豆沙	100		
		沾粉			
		熟太白粉	100		

◆**備註**：本表由應檢人試前填寫，可攜入考場參考，只准填原料名稱及配方百分比，如夾帶其他資料以作弊論。（不夠填寫，自行影印或至本中心網站首頁－便民服務－表單下載－ 09500 中式米食加工配方表區下載使用，可用電腦打字，但不得使用其他格式之配方表）

技術士技能檢定中式米食加工丙級術科測試參考配方表

產品名稱		產品名稱		產品名稱	
鳳片糕		糕仔崙		雪片糕	
原料名稱	百分比	原料名稱	百分比	原料名稱	百分比
鳳片粉	100	熟圓糯米粉	35	熟圓糯米粉	100
麥芽糖	20	熟蓬萊米粉	35	轉化糖漿	30
砂糖	110	綠豆粉	30	糖粉	80
香蕉油	0.4	糕仔糖	95	豬油	20
紅色色素	0.2			熟黑芝麻	5
水	100				
合計	**330.6**	**合計**	**195**	**合計**	**235**
餡料					
含油烏豆沙	100				

◆**備註**：本表由應檢人試前填寫，可攜入考場參考，只准填原料名稱及配方百分比，如夾帶其他資料以作弊論。（不夠填寫，自行影印或至本中心網站首頁－便民服務－表單下載－09500中式米食加工配方表區下載使用，可用電腦打字，但不得使用其他格式之配方表）

技術士技能檢定中式米食加工丙級術科測試參考配方表

產品名稱		產品名稱		產品名稱	
豬油糕		冰皮月餅		米花糖	
原料名稱	百分比	原料名稱	百分比	原料名稱	百分比
熟糯米粉	100	糕仔粉	100	米乾	100
糖粉	90	糖粉	125	油蔥酥	5
豬油	60	斑蘭	1	砂糖	70
細花生粉	60	奶油	30	麥芽糖	30
		冷開水	160	鹽	1
				沙拉油	6
				水	30
合計	**310**	**合計**	**416**	**合計**	**242**
		餡料			
		含油烏豆沙	100		

◆**備註**：本表由應檢人試前填寫，可攜入考場參考，只准填原料名稱及配方百分比，如夾帶其他資料以作弊論。（不夠填寫，自行影印或至本中心網站首頁－便民服務－表單下載－09500中式米食加工配方表區下載使用，可用電腦打字，但不得使用其他格式之配方表）